面向21世纪高等院校规划教材

U0181068

液压与气压传动综合实践

主编　尹凝霞

主审　李广慧

上海科学技术出版社

内 容 提 要

《液压与气压传动综合实践》是广东海洋大学面向21世纪高等院校教学内容与课程体系改革计划的研究成果,在总结近几年相关课程教学改革经验基础上编写而成的。教材对原液压与气压传动、液压与气压传动课程设计实践教学进行了整合,以适应液压与气压传动系列课程改革需要。全书以液压/气动系统设计为主线,以学生为中心,以成果为导向,力求理论联系实际,培养学生的综合设计能力、应用规范能力、独立工作能力和团队精神,形成液压与气压传动综合实践课程内容体系。

全书共7章,主要内容包括液压与气压传动系统设计方法、液压油路集成块设计、液压站设计、液压/气动控制系统设计、液压/气动系统仿真设计、液压/气动系统安装与调试、液压与气压传动设计实例。附录部分给出结合生产实际的设计题目供学生选择。

本书可用作普通高等院校机械类、机电类专业本科生教材,并可作为高职高专等相关教学用书,也可供有关工程技术人员参考使用。

图书在版编目(CIP)数据

液压与气压传动综合实践 / 尹凝霞主编. -- 上海：
上海科学技术出版社, 2023.12
面向21世纪高等院校规划教材
ISBN 978-7-5478-6359-6

Ⅰ. ①液… Ⅱ. ①尹… Ⅲ. ①液压传动－高等学校－
教材②气压传动－高等学校－教材 Ⅳ. ①TH137
②TH138

中国国家版本馆CIP数据核字(2023)第196186号

液压与气压传动综合实践
主编 尹凝霞
主审 李广慧

上海世纪出版(集团)有限公司
上 海 科 学 技 术 出 版 社 出版、发行
(上海市闵行区号景路159弄A座9F－10F)
邮政编码 201101 www.sstp.cn
上海颛辉印刷厂有限公司印刷
开本 787×1092 1/16 印张 8.25
字数 200 千字
2023 年 12 月第 1 版 2023 年 12 月第 1 次印刷
ISBN 978 - 7 - 5478 - 6359 - 6/TH·102
定价：35.00 元

本书如有缺页、错装或坏损等严重质量问题,请向印刷厂联系调换

前　　言

　　《液压与气压传动综合实践》一书,是作者依据 2011 年教育部启动的"高等学校本科教学质量与教学改革工程",从加强学生素质教育与能力培养需求出发,并结合教学改革成果编写而成的。全书力求加强实践教学,以达到切实提高学生工程实践能力的目的。

　　教材在总结近几年相关课程教学改革经验基础上,对原液压与气压传动、液压与气压传动课程设计实践教学进行整合,系统地训练了学生的液压系统方案设计、系统搭建、系统仿真分析、结构设计及团队合作能力。

　　在编写本书过程中,作者坚持成果导向教育(outcome based education,OBE)理念,每章开始均明确提出该章的知识目标和能力目标;增加了液压系统建模仿真分析和实验系统搭建验证章节,以利于学生从全局角度对所建物理模型进行评估分析;除培养学生的独立工作能力外,通过团队组建、任务分配与协作,强调培养学生的团队合作精神。本书案例均节选自学生的液压与气压传动实践报告,同时便于学生参考和学习。

　　本书由广东海洋大学尹凝霞担任主编,广东海洋大学吕继组担任副主编。具体编写分工如下:尹凝霞编写前言、绪论和第 2~4 章、6~7 章;吕继组编写第 1、5 章。广东海洋大学李广慧教授作为本书主审,对书稿进行了细致审阅,提出了许多宝贵意见,在此谨致谢意。

　　本书出版得到广东海洋大学 2020 年度校级本科教学质量与教学改革工程项目的支持,主要面向学生工程实践能力培养,注重学生动手能力提升,并且软件仿真与实物搭建实践验证相结合,既是理论教学的必要拓展与有益补充,也是前期已出版教材《液压与气压传动》的配套读本。

　　在本书编写过程中,作者参考和借鉴了部分国内外同行公开发表的教科书及文献资料,同时得到了许多专家和同行的热情支持,在此对他们致以诚挚的感谢和敬意。

　　另外,感谢程光玮、李兴振、何学忠、黄有等同学在本书编写过程中所做的资料收集等方面的工作。

　　由于本书涉及知识面较广,加之作者水平有限,书中存在不妥之处和错误在所难免,恳请广大读者批评指正。

作　者

目　　录

绪　论

本章学习目标
(1) 知识目标：了解液压与气压传动综合实践的目的，熟悉常用的仿真软件。
(2) 能力目标：能根据具体应用场合选择合适的方式进行实践，并完成相关任务。

与其他传动及控制方式相比，液压与气压传动具有功率密度大、布置灵活、调速范围宽、操纵控制方便、易于实现自动控制、中远距离控制等优点，因此其在机械制造、海洋装备、航空航天、工程机械等领域广泛应用。液压与气压传动系统的合理设计是液压与气压传动技术应用的关键。融液压与气压传动系统设计、软件仿真与实物搭建于一体的液压与气压传动综合实践，有助于培养学生系统思维和解决机械工程领域复杂工程问题的能力。

0.1　液压与气压传动综合实践的目的

液压与气压传动综合实践是一门技术基础课，是液压与气压传动课程的最后一个重要的实践性教学环节，也是工科院校机械类和近机类专业学生一次较为全面的液压/气动传动与控制综合训练，其目的是以液压/气动设计为载体，综合运用液压与气压传动、工程力学、机械设计、PLC 控制等有关先修课程的理论知识和工程实际知识，经过需求分析、系统设计、软件仿真和实物搭建等实践过程，进行液压/气动设计全过程的训练，培养学生的综合设计能力、创新设计能力和解决复杂工程问题能力。

液压与气压传动综合实践的教学目标如下：

(1) 能针对需求，设计满足要求的液压/气动系统，包括：实现产品功能的工作原理与方案设计，系统原理图设计，液压元件选型设计及设计过程的分析、计算、比较和评价。

(2) 能基于科学原理采用科学方法对具体液压/气动系统功能模块设计实验，并对实验数据进行分析与处理。

(3) 能针对所设计的液压/气动系统，选用合适的软件进行仿真计算，对系统参数进行分析、预测，并理解其局限性。

(4) 培养学生面向复杂工程问题的独立工作能力、综合分析能力、自主学习能力及严谨求实的科学态度和作风。

0.2　液压与气压传动综合实践的设计内容

液压与气压传动综合实践的训练内容包括设计选题、液压与气压传动方案设计、液压与气压传动系统原理图的绘制、软件仿真计算、系统参数分析预测、具体液压与气压传动系统功能模块实验设计、实验数据分析处理等。

1) 设计选题

液压与气压传动综合实践题目可从教师承担的科研项目、企业产品开发项目、机械设计类比赛题目中产生,设计题目中的机械系统传动方案适合液压传动或气压传动,选题同时还需要留够学生查阅资料及独立思考的时间。

2) 液压与气压传动系统设计

液压与气压传动系统设计主要包括两部分内容:

(1) 液压与气压传动系统原理设计。主要指完成液压与气压传动系统工况分析、液压与气压传动系统设计、各类元件计算选择等。

(2) 液压与气压系统结构设计。主要包括辅助元件的选择、各类元件及辅助元件间连接安装方式的设计选择、液压泵站或油箱的设计、油路块的设计、系统装配图设计等。

3) 液压与气压传动软件仿真

要搭建一个真实液压系统,需花费大量时间、精力和物力,且一次性成功可能性低,变更参数、更改控制方案困难。系统设计由很多因素决定,如系统复杂程度、设计者经验等。有些系统设计后可能仍然不能达到设计要求,造成时间、精力和物力的浪费,采用计算机仿真则能避免这一状况发生,还可缩短设计周期、节约人力和物力。

随着科技的进步和液压与气压仿真技术的发展,自 20 世纪 70 年代以来,陆续出现了一些专门针对液压与气压仿真的软件:

(1) AMESim(Advanced Modeling Environment for Performing Simulation of Engineering Systems)仿真软件。法国 Imagine 公司于 1995 年推出的 AMESim 仿真软件(2012 年被西门子公司收购),是一个可在多学科领域进行复杂系统建模仿真的平台,包含机械库、信号控制库、液压库(包括管道模型)、液压元件设计库(HCD)、气动库(包括管道模型)、电磁库、电机及驱动库、冷却系统库、热库、热液压库(包括管道模型)、热气动库、热液压元件设计库(THCD)等多个库,可作为在液压与气压传动系统设计过程中的一个主要工具;AMESim 还具有丰富的与其他软件包的接口。

(2) FluidSIM 软件。由德国 Festo 公司 Didactic 教学部门和 Paderborn 大学联合开发,是专门用于液压与气压传动的教学软件。FluidSIM 软件又分为两个软件,其中 FluidSIM - H 用于液压传动教学,而 FluidSIM - P 用于气压传动教学。

(3) Automation studio 软件。为加拿大 Famic 公司开发的一款系统集成仿真软件,可针对各种液压、气压、机电系统及其控制回路做系统整合仿真。其特点是面向液压、气动系统原理图,不仅可创建液压、气动回路,也可同时创建控制这些回路的电气回路。仿真结果以动画或曲线图形式呈现,适用于自动控制和液压、气动领域,可用于系统设计、维护与教学。

（4）MSC.EASY5 软件。于 1975 年由美国波音公司开发,最初仅供波音公司内部使用,2002 年被美国 MSC.Software 软件公司购买,该软件液压仿真系统包含了 70 多种主要液压元件,涵盖了液压系统仿真的主要方面,不仅可分析系统静态和动态特性,还可进行瞬态特性和气穴现象分析。

（5）Hopsan 软件。它是一款由瑞典林雪平大学开发的开源多领域系统仿真软件,可进行液压、气压、电力等仿真,由于其是开源的,用户可编辑软件、设定元件图形等。

（6）SimulationX 软件。它是一款分析评价技术系统内各部件相互作用的权威软件,是多学科领域建模、仿真和分析的通用 CAE 工具,包括 1D 力学、3D 多体系统、液力学、气动力学、电磁学、热力学等标准元件库,并且具有强大的后处理系统。

4）液压与气压传动实物搭建

液压与气压传动实物搭建实验验证是系统设计、软件仿真的延伸。它是指在掌握了液压与气压元件基本原理和结构的基础上,设计满足要求的液压或气压系统,了解液压和气压系统的组成及在设备中的应用,对液压和气压传动系统进行分析,通过实物搭建物理实验平台并进行验证。

0.3　液压与气压传动综合实践中应注意的问题

液压/气动综合实践是学生一次较全面的综合设计活动,了解和正确处理以下问题,对于完成设计任务与培养正确的设计思想是十分有益的:

（1）液压与气压传动系统由基本回路组成,应注意防止各回路相互干扰,确保正常工作循环。

（2）提高液压与气压传动系统效率,防止系统过热。

（3）为防止液压冲击,可使用高压大流量液压系统,应考虑用阀芯两侧带阻尼孔的液压换向阀代替电磁换向阀,以减慢换向速度,或使用蓄能器增加缓冲,消除液压冲击。

（4）在满足工作循环和生产效率的前提下,尽量简化液压和气压系统。系统越复杂,出现故障概率越大。

（5）液压与气压传动必须要保证安全可靠。执行元件垂直布置时应设计平衡回路;有严格顺序动作的执行元件,应采用行程控制的顺序动作回路。

（6）尽量做到标准化、系列化设计,减少专用特殊元件的设计和使用。

第1章 液压与气压传动系统设计方法

本章学习目标

(1) **知识目标**:了解产品生命周期、液压与气压传动设计原则,熟悉液压与气压传动设计流程。

(2) **能力目标**:能根据具体应用场合进行设计,设计过程中能注意到一些关键问题。

与其他产品设计类似,液压/气压传动系统设计也遵循一定原则。本章在概述液压/气压传动系统设计方法基础上,简述液压/气压传动系统设计流程与步骤,并概述液压/气压传动系统设计中应注意的问题。

1.1 产品生命周期与液压系统设计原则

液压与气压传动系统是以有压流体(压力油或压缩空气)为能源介质,实现各种机械传动与自动控制,液压与气压传动在实现传动与控制方法上是相同的,都是利用各种元件组成所需的各种控制回路,再由若干回路有机组合成可完成一定控制功能的传动系统,以进行能量的传递、转换与控制。

液压与气压传动系统设计时,应遵循产品设计的一般规律与原则,但液压与气压传动系统设计又具有其特殊性,设计计算过程中要具体问题具体分析。

1.1.1 产品生命周期

任何产品都会经历导入期、成长期、成熟期和衰退期四个阶段,每个时期都有各自特性:在导入期,用户对产品还不了解、增长缓慢、产品处于探索打磨期、市场前景尚不明朗;在成长期,用户对产品已相当熟悉、增长迅速、竞争者纷纷进入、市场方向明朗;在成熟期,用户增长渐缓、潜在用户少、市场需求趋近饱和、竞争加剧;在衰退期,出现了新产品或替代产品、用户转向其他产品、用户量迅速下降。

以时间为横轴,以市场规模为纵轴,新产品的发展都会经历如图1-1所示产品生命周期S曲线。

由图1-1中可以看出,当新产品或新系统如各种新型液压元件处于调研构思阶段时,其性能是不完善的,设计者需要不断寻找更好的设计方案,提高新产品性能,此时产品处于导入期,经过S形曲线成长阶段,产品会不断出现一个或更多个成熟产品,随着人们

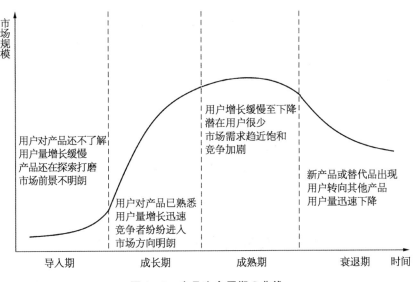

图 1-1　产品生命周期 S 曲线

认识的深入和需求的提高,产品慢慢暴露出一些本身无法克服的本质缺陷进入衰退期。因此,在开始液压产品设计之前,正确判断该产品在 S 形曲线所处位置,将会对新设计起到至关重要的作用,设计者应尽量避免产品过早进入衰退期;或在前一条曲线发展到顶峰时延伸出第二条 S 形曲线(图 1-2),从而形成一个 S 形曲线家族,使产品不断推陈出新。

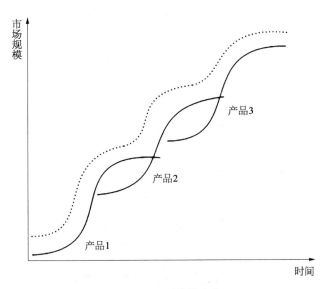

图 1-2　S 形曲线家族

1.1.2　液压系统设计原则

　　液压系统是机器重要组成部分,在符合主机动作循环与静态、动态性能前提下,还需满足结构简单、工作安全可靠、高效、经济性好和维护成本低等条件。在满足工作要求的情况下,安全可靠性是其中最重要的设计原则,需从以下环节重点关注:

1）可靠性与使用条件密切相关

使用条件包括液压系统使用过程中的环境条件、油液种类、温度、工作压力、流量、连续或间歇动作等。同一液压系统在不同使用条件下可靠性不同,条件越差可靠性越低。

2）可靠性与使用时间密切相关

使用时间是用不同的指标表示液压系统工作期限,如液压泵用小时、液压阀用换向次数等,工作时间越长,可靠性越低。

3）可靠性与产品主要技术指标相关

产品主要技术指标包括液压元件额定工作压力、额定转速、适用介质(介质黏度)、温度、运动速度等。

1.2 液压传动系统设计流程

经与机械传动、电传动、气动等传动方式综合对比论证,确定采用液压传动后,可按图1-3所示流程进行设计。

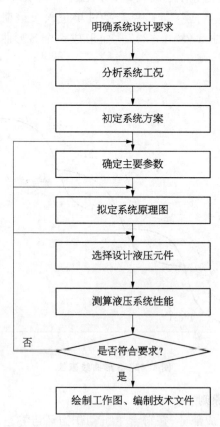

图1-3 液压传动系统设计流程

1.3 液压系统设计步骤

液压传动系统设计步骤并不是固定不变的,且各步骤之间相互联系、相互交叉。一般液压传动系统可按如下步骤进行设计。

1.3.1 明确液压系统设计要求

设计要求是液压传动系统设计的依据和出发点,设计者应在设计时明确其要实现的动作与性能要求,主要考虑如下几点:

(1) 主机用途结构、总体布置(卧式、立式、倾斜等)、工艺要求、使用条件(连续运转、间歇运动、特殊液体使用)、工作环境(室内或室外、单班制或两班制或三班制、温度、湿度等)。

(2) 主机工作循环,液压执行元件运动方式(移动、转动或摆动)及其工作范围。

(3) 主机有几个执行元件,多个执行元件间的顺序、转换或互锁要求。

(4) 液压执行元件运动速度及其变化范围。

(5) 液压执行元件的负载及其变化范围。

(6) 工作性能,如调速范围、运动平稳性、转换精度、传动效率、控制方式及信号来源、自动化程度等。

(7) 原动机类型(电动机还是内燃机)及其功率、转速和转矩特性。

(8) 限制条件,对防尘、防爆、压力脉动、冲击、振动噪声及安全可靠性的要求。

(9) 经济性要求,如投资额度、液压元件货源、运维费用等。

1.3.2 分析液压系统工况

了解主机工作要求后,可对主机进行工况分析,即运动分析和负载分析,绘制运动及负载循环图,以作为设计液压传动系统的依据。对液压系统进行工况分析,是指对液压系统所要驱动负载的运动参数和动力参数进行分析,是确定液压系统执行元件主要参数、设计方案及选择或设计液压元件的依据,若液压执行元件动作简单,则可不作图,只需找出最大速度与最大负载即可。

在液压系统工作循环中,各阶段速度是工件在该阶段的速度,各阶段的负载由各种不同性质的负载组成。

1.3.2.1 速度分析

速度分析是指依据工艺要求,确定各执行元件在一个完整工作循环内各阶段的速度,包括无负载运动最大速度(快进、快退速度)、带负载工况下的工进速度范围及变化规律,并绘制速度循环图,绘制速度循环图是为了计算执行元件惯性负载及绘制负载循环图。

1.3.2.2 负载分析

依据工艺要求,求出各执行元件在整个工作循环内各阶段需克服的外负载:各执行元件的负载是单向负载还是双向负载、是恒定负载还是变负载、负载作用位置等,并绘制负载循环图。

液压执行元件的外负载包括工作负载、摩擦负载和惯性负载。工作负载有阻力负载(与运动方向相反)和超越负载(与运动方向相同)两类;摩擦负载是指液压执行元件驱动工作机构时所需克服的机械摩擦阻力负载,有静摩擦负载和动摩擦负载两类;惯性负载是指由于速度变化产生的负载。

1) 液压缸外负载计算

图 1-4 为液压缸计算简图,相关参数如图中所示,F 为作用于活塞缸上的外负载,F_m 为液压缸密封处的内部密封摩擦阻力。

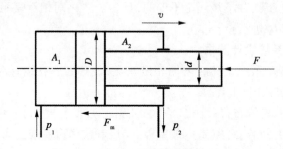

图 1-4　液压缸计算简图

(1) 工作负载 F_e。液压缸常见工作负载有切削力、挤压力、重力等,阻力负载为正,超越负载为负。

(2) 机械摩擦负载 F_m。对于机床而言,摩擦负载为导轨摩擦阻力。

① 平导轨。其摩擦阻力因导轨放置形式而定。

水平放置平导轨(图 1-5a):

静摩擦阻力
$$F_{fs} = \mu_s (G + F_n) \tag{1-1}$$

动摩擦阻力
$$F_{fd} = \mu_d (G + F_n) \tag{1-2}$$

倾斜放置平导轨(图 1-5b):

静摩擦阻力
$$F_{fs} = \mu_s (G\cos\beta + F_n) \tag{1-3}$$

动摩擦阻力
$$F_{fd} = \mu_d (G\cos\beta + F_n) \tag{1-4}$$

② V 形导轨(图 1-5c):

静摩擦阻力
$$F_{fs} = \mu_s (G + F_n)/\sin(\alpha/2) \tag{1-5}$$

动摩擦阻力
$$F_{fd} = \mu_d (G + F_n)/\sin(\alpha/2) \tag{1-6}$$

式中　G——运动部件重力(N)。

F_n——工作负载在导轨上的垂直分力(N)。

β——平面导轨倾斜角(°)。

α——V 形导轨夹角(°)。

μ_s, μ_d——静、动摩擦因数,与导轨摩擦表面材料及性质相关。通常,对于滑动导轨,$\mu_s = 0.1\sim0.2$,$\mu_d = 0.05\sim0.12$(高速时取小值,低速时取大值);对于滚动导轨,$\mu_d = 0.003\sim0.02$(钢对滚柱取小值,铸铁对滚珠/柱取大值);对于铸铁静压导轨,$\mu_d = 0.005$。

(3) 惯性负载 F_i。惯性负载是运动部件启动和制动过程中的惯性力,其平均值可按下式计算:

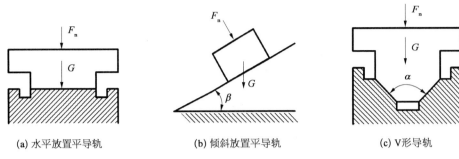

(a) 水平放置平导轨　　　　(b) 倾斜放置平导轨　　　　(c) V形导轨

图 1-5　导轨及放置形式

$$F_i = \frac{G}{g}\frac{\Delta v}{\Delta t} \qquad (1-7)$$

式中　g——重力加速度（m/s²），通常可取 $g = 9.8$ m/s²。

　　　Δv——速度变化量（m/s）。

　　　Δt——启动或制动时间（s）；一般机械 $\Delta t = 0.1 \sim 0.5$ s，低速轻载运动部件取小值，高

　　　　　速重载部件取大值。行走机械一般取 $\dfrac{\Delta v}{\Delta t} = 0.5 \sim 1.5$ m/s²。

　　上述三种负载之和即为液压缸外负载。

　　液压缸在工作过程中，一般要经历启动、加速、恒速和减速制动几种工况，各工况下外负载计算公式如下：

启动阶段　　　　　　　　　$F = \pm F_e + F_{fs}$ 　　　　　　　　　　　　$(1-8)$

加速阶段　　　　　　　　　$F = \pm F_e + F_{fd} + F_i$ 　　　　　　　　　$(1-9)$

恒速阶段　　　　　　　　　$F = \pm F_e + F_{fd}$ 　　　　　　　　　　　$(1-10)$

加速阶段　　　　　　　　　$F = \pm F_e + F_{fd} - F_i$ 　　　　　　　　　$(1-11)$

　　除外负载外，作用于液压缸活塞上的负载还包括密封处的密封摩擦阻力 F_m，其大小与密封类型、工作压力等密切相关，难以具体计算，一般将其计入液压缸机械效率中考虑。

　　2) 液压马达负载力矩计算

　　(1) 工作负载力矩 T_e。液压马达工作负载力矩有阻力负载和超越负载两种形式，需依据主机工作情况具体分析。

　　(2) 摩擦力矩 T_f。旋转轴颈处摩擦力矩计算公式如下：

静摩擦力矩　　　　　　　　$T_{fs} = \mu_s F'_n R$ 　　　　　　　　　　　$(1-12)$

动摩擦力矩　　　　　　　　$T_{fd} = \mu_d F'_n R$ 　　　　　　　　　　　$(1-13)$

式中　F'_n——作用于轴径处的总径向力（N）；

　　　R——轴径半径（m）；

　　μ_s, μ_d——静、动摩擦因数。

　　(3) 惯性力矩 T。旋转部件加速或减速时产生的惯性力矩

$$T_i = J\varepsilon = J\frac{\Delta\omega}{\Delta t} \tag{1-14}$$

式中　J——旋转部件转动惯量，$J = m\left(\dfrac{D}{4}\right)^2 (\mathrm{kg \cdot m^2})$；

　　　D——旋转部件直径(m)；

　　　ε——旋转部件角加速度$(\mathrm{rad/s^2})$；

　　　$\Delta\omega$——角速度变化量$(\mathrm{rad/s})$；

　　　Δt——启动或制动时间(s)。

上述三种负载力矩之和即为液压马达外负载力矩 T，液压马达在不同工况下的负载力矩如下：

启动阶段　　　　　　　$T = \pm T_e + T_{fs}$ 　　　　　　　　(1-15)

加速阶段　　　　　　　$T = \pm T_e + T_{fd} + T_i$ 　　　　　(1-16)

恒速阶段　　　　　　　$T = \pm T_e + T_{fd}$ 　　　　　　　(1-17)

加速阶段　　　　　　　$T = \pm T_e + T_{fd} - T_i$ 　　　　　(1-18)

依据计算出的执行元件液压缸的外负载或液压马达的外负载力矩和循环周期，可绘制液压缸的负载循环图(F-t 图)或液压马达的负载力矩循环图(T-t 图)，如图 1-6 所示。

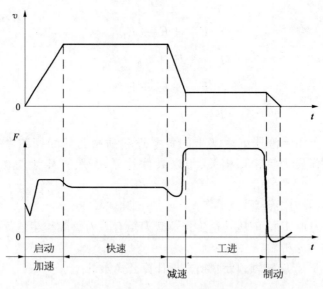

图 1-6　液压缸速度、负载循环图

1.3.3　初步拟定液压系统方案

初步拟定液压系统设计方案，主要是指拟定液压系统执行元件方案，通过执行元件拟实现直线运动还是转动或摆动确定执行元件是液压缸还是液压马达，对于单纯且简单的直线运动或转动，可分别采用液压缸或液压马达。但随着现代机械运动越来越复杂，需考虑采用经济适用的液压执行元件与其他运动转换机构相配合的方案实现所需要的复杂运动，以期简化液压系统,降低成本,改善液压执行元件负载状况和运动机构的性能。液压执行元件类型、特点及适用场合见表 1 - 1。

表 1 - 1   液压执行元件类型、特点及适用场合

名 称	特 点	适 用 场 合
双活塞杆缸	双向对称	双向工作往复运动
单活塞缸	有效工作面积大,双向不对称	往返不对称直线运动,差动连接实现快进
柱塞缸	结构简单,制造工艺性好	单向工作,靠重力或其他形式外力返回
摆动缸	单叶片摆动缸,最大摆角 360° 双叶片摆动缸,最大摆角 180°	小于 360°摆动运动 小于 180°摆动运动
齿轮马达	结构简单,成本低	高速、小转矩回转运动
叶片马达	体积小、流量均匀、动作灵敏	高速、小转矩且动作要求灵敏回转运动
摆线齿轮马达	体积小、重量轻、自吸性好	中低速、小转矩回转运动
轴向柱塞马达	运动平衡、扭矩大、转速范围宽	大转矩回转运动
径向柱塞马达	转速低、结构复杂、输出转矩大	低速、大转矩回转运动

1.3.4   确定液压系统主要参数

液压系统主要参数是指液压执行元件工作压力和最大流量。

1) 液压缸工作压力的确定

工作压力是液压缸主要性能参数,也是确定其他参数的依据,工作压力大小关系到所设计液压系统是否经济合理:工作压力选得过低,液压缸尺寸就会较大,系统所需能量较大,其他液压元件尺寸也随之增加,不符合当前节能减排发展需求;适当提高压力可降低成本,但如果压力选得过高,则对液压元件强度、刚度和密封性能要求高,并且工作介质易变质、内泄漏增加、油温升高,所以应综合考虑各方面因素,合理确定工作压力。

各类液压系统由于应用场合不同,液压缸工作压力也不尽相同,如磨床磨削负载和变化小,此时工作台的液压缸可选用低压缸;普通组合机床液压滑台的液压缸切削阻力比磨床大,且对工作平稳性、换向精度及系统温升都比磨床低,同时为了不使液压油压缩性对液压缸造成过大影响和避免液压元件在制造质量、密封方面要求过高,可选用中压。

液压缸工作压力依据负载图中最大负载选取,见表 1 - 2;若按主机类型选择可按表 1 - 3。

表 1 - 2   按负载选择执行元件工作压力

负载 $F(\times 10^3 \text{ N})$	<5	5～10	10～20	20～30	30～50	>50
工作压力 p(MPa)	<0.8	1.5～2	2.5～3	3～4	4～5	>5

表 1-3　按主机类型选择执行元件工作压力

主　机　类　型		工作压力 p(MPa)
金属切削机床	磨床	≤2
	组合机床	3～5
	龙门刨床	2～8
	拉床	8～10
农业机械、小型工程机械、工程机械辅助机构		10～16
液压机，中、大型工程机械，起重运输机械		20～32
地质机械、冶金机械、铁道车辆维护机械及各类液压机具等		25～100

2）主要结构参数确定

（1）液压缸主要结构参数确定。液压缸结构参数与液压缸类型、作用方式、往返行程速比系数 λ_v、背压 p_2 等因素有关，当前三项确定，只需知道背压 p_2，即可求出液压缸面积 A、液压缸直径 D、活塞杆直径 d 等结构参数。

液压系统常用背压见表 1-4。

表 1-4　液 压 缸 背 压

系　统　类　型	背压 $p_2/(\times 10^5$ Pa$)$
回油路上有节流阀的调速回路	2～5
回油路上有背压阀或调速阀的进给回路	5～15
采用辅助泵补油的闭式回路（拉床、龙门刨床等）	10～15

液压缸有效工作面积会影响到液压系统的推力和速度，依据负载计算出来的有效工作面积，需进行速度验算，验证在节流阀或调速阀最小稳定流量下，可满足系统要求的最低工进速度，有效工作面积满足液压系统最低工进速度要求后，还需进行圆整，以保证可采用标准密封元件。验算公式为

$$A \geqslant \frac{q_{\min}}{v_{\min}} \tag{1-19}$$

式中　A——液压缸有效工作面积（节流阀或调速阀在进油路时 $A=A_1$，在回油路时 $A=A_2$）（m^2）；

$q_{\min}$——节流阀或调速阀最小稳定流量（可由产品样本查得）（m^3/s）；

$v_{\min}$——液压系统最低工进速度（m/s）。

（2）液压马达排量的确定。

液压马达排量　　　　　　　$$v_{\mathrm{m}} = 2\pi \frac{T_{\max}}{\Delta p \eta_{\mathrm{mm}}} \tag{1-20}$$

式中 T_{max}——液压马达最大负载力矩（N·m）。

Δp——进、出油中压差，$\Delta p = p_1 - p_2$（Pa）。

η_{mm}——液压马达机械效率，齿轮马达和柱塞马达可取 0.9～0.95，叶片马达可取 0.8～0.9。

液压马达排量（V_m）也应满足最低稳定转速（n_{min}）要求，即

$$V_m \geqslant \frac{q_{min}}{n_{min}} \tag{1-21}$$

3）最大流量的确定

（1）液压缸最大流量：

$$q_{max} = A v_{max} \tag{1-22}$$

式中 A——液压缸有效面积（m^2）。

v_{max}——液压缸最大速度（m^2/s），由速度循环图查得。

液压缸内径 D 和活塞杆直径 d 的最后确定值，应按 GB/T 2348—2018（液压缸、气缸内径及活塞杆外径尺寸系列，见表 1-5）就近圆整为标准值，以便选用标准液压缸或自行设计液压缸时选用标准密封件。

表 1-5 液压缸、气缸内径及活塞杆外径尺寸系列　　　单位：mm

液压缸内径尺寸系列				活塞杆外径尺寸系列				
8	40	125	(280)	4	16	36	90	220
10	50	(140)	320	5	18	45	110	280
12	63	160	(360)	6	20	50	125	320
16	80	(180)	400	8	22	56	140	360
20	(90)	200	(450)	10	25	63	160	—
25	100	(220)	500	12	28	70	180	—
32	(110)	250	—	14	32	80	200	—

注：括号内尺寸为非优先选用值。

（2）液压马达最大流量：

$$q_{max} = v_m n_{max} \tag{1-23}$$

式中 v_m——液压马达排量（m^3/rad）；

n_{max}——液压马达最高转速（rad/s），由转速循环图查得。

液压马达 v_m 最终可由 GB/T 2347—1980（液压泵及马达公称排量系列，见表 1-6）确定，从而最终确定马达选型。

表 1-6　液压泵及马达公称排量系列　　　　单位：ml/r

0.1	0.16	0.25	0.4	0.63	1.0	1.25	1.6	2.0	2.5	3.15
4.0	5.0	6.3	8.0	10	12.5	(14)	16	(18)	20	(22.4)
25	(28)	3.15	(35.5)	40	(45)	50	(56)	63	(71)	80
(90)	100	(112)	125	(140)	160	(180)	200	(224)	250	(280)
315	(355)	400	(450)	500	(560)	630	(710)	800	(900)	1 000
(1 120)	1 250	(1 400)	1 600	(1 800)	2 000	(2 240)	2 500	(2 800)	3 150	(3 550)
4 000	(4 500)	5 000	(5 600)	6 300	(7 100)	8 000	(9 000)	—	—	—

注：1. 括号内公称排量为非优先选用值。
　　2. 超出本系列 9 000 ml/r 的公称排量应按《优先数和优先数系》(GB/T 321—2005)中 R10 数系选用。

1.3.5　拟定液压系统原理图

液压系统原理图可从油路原理上体现设计是否满足各项设计要求，其拟定是液压传动系统设计中的重要一环，主要可通过系统类型确定、液压基本回路选择和液压基本回路组合几个步骤最后合成一个完整液压系统。在拟定液压系统原理图时应注意以下几点：

(1) 液压/气动回路中的元件应按照国家标准 GB/T 786.1—2021 进行绘制。

(2) 液压/气动回路中应包括全部动力元件、执行元件、主控阀和其他实现该控制回路的控制元件。

(3) 液压/气动回路图除特殊需要，一般不画出具体控制对象及发信装置实际位置布置情况。

(4) 液压/气动回路图应表示整个控制回路处于工作程序终了时的静止位置(初始位置)的状态。

(5) 为方便阅读，液压/气动回路图中元件图形符号一般应按原动机左下，按顺序各控制元件从下往上、从左到右，执行元件在回路图上部按从左到右的原则布置。

(6) 在绘制管线时尽量用直线，避免交叉，连接处用黑点表示。

(7) 为便于液压/气动回路的设计和对回路进行分析，可以对气动回路中的各元件进行编号，在编号时不同类型的元件所用的代表字母也应遵循一定规则：泵和空压机用字母"P"，执行元件用字母"A"，原动机用字母"M"，传感器用字母"S"，阀用字母"V"，其他元件用字母"Z"(或用除上面提到的以外其他字母)。

(8) 换向阀的接口为便于接线应进行编号，档号应符合一定规则。

拟定液压系统原理图的具体步骤如下：

1.3.5.1　液压系统类型的确定

液压系统分为开式系统与闭式系统两种，两种系统的特点对比见表 1-7。

油路循环方式主要取决于散热条件和系统调速方式，当具有较大工作空间用于存放油箱且不另设散热装置时，一般采用开式回路；允许辅助泵补油进行冷却油交换和进行冷却时，一般采用闭式回路。节流调速或容积-节流调速系统采用开式回路；容积调速系统采用闭式回路。

表 1-7　开式系统与闭式系统对比

循环方式	散热条件	抗污染性	系统效率	其他
开式系统	较方便,但油箱较大	较差,可采用压力油箱或油箱呼吸器改善	管路压力损失较大,节流调速时效率低	对主泵自吸性能要求高
闭式系统	较复杂,需辅助泵换油冷却	较好,但油液过滤要求高	管路压力损失小,容积调速时效率高	对主泵自吸性能要求低

1.3.5.2　液压基本回路的选择

液压系统基本回路主要依据执行机构性能、负载、速度和运动形式确定,如机器(如机床液压系统)对变速、稳速要求严格,则系统设计核心是速度调节、换向和稳定,需先确定其调速方式;如机器(挖掘机、装载机液压系统)对速度无严格要求,对输出力、力矩有要求,则其系统设计的核心是调节和分配功率,需要采用组合油路。

1) 换向和调速方案选择

液压执行元件确定后,液压执行元件方向与速度控制是拟定液压回路的核心问题。

方向控制用换向阀或逻辑控制单元来实现,一般中小流量液压系统多采用换向阀有机组合实现所需要的动作;高压大流量液压系统多采用插装阀与先导控制阀的逻辑组合实现。

速度控制通过改变执行元件输入或输出流量或利用密封空间容积变化来实现。其相应调整方式有节流调速、容积调速和容积-节流调速三种。

(1) 节流调速。一般采用定量泵供油,流量阀控制进、出执行元件流量来调节速度,结构简单,但由于溢流阀一直处于开启状态,效率低、发热量大,多用于功率不大的场合。

(2) 容积调速。通过改变液压泵或液压马达排量达到调速目的,其优点是没有溢流损失和节流损失,效率高,但为了散热和补充泄漏,需装辅助泵,成本高,主要用于功率大、运动速度高的液压系统。

(3) 容积-节流调速。用变量泵供油,用流量控制阀调节进、出执行元件流量,并使供油量与需油量相适应,效率高、速度稳定好,结构复杂。

三种调速回路性能对比见表 1-8。

对于压力较小、功率较小(2~3 kW 以下)、工作平稳性要求不高的场合,可采用节流调速回路;负载变化较大、速度稳定性要求较高的场合,可采用调速阀调速回路。功率中等(3~5 kW),可采用节流调速回路、容积调速或容积-节流调速(当要求系统温升小时,容积调速和容积-节流调速均可选用,但若既要求温升小又要求工作平稳性好时,则宜选用容积-节流调速回路)。功率较大(大于 5 kW)、温升小且稳定性要求不高时,可采用容积-节流调速回路。

调速方案确定后,油源结构形式也可随之确定,一般情况下,节流调速回路多采用定量泵,容积调速回路和容积-节流调速回路多采用变量泵。但油源性能和成本对确定调速回路的影响也很大,对于限压式变量叶片泵调速回路,虽然温升小、结构简单,但其流量脉动与压力脉动比定量叶片泵调速回路大,变量过程中往往还会出现冲击,因此多采用双定量叶片泵节流调速回路,很少采用变量叶片泵容积-节流调速回路。

表 1-8　三种调速回路性能对比

主要性能		节流调速回路				容积调速回路	容积-节流调速回路	
		普通节流调速回路		带压力补偿节流调速回路		变量泵定量马达	流量适应	功率适应
		进油、回油节流	旁路节流	流量阀在进油路	流量阀在旁路及溢流节流调速			
负载特性	速度刚度	差	很差	好		较好	好	
	承载能力	好	较差	好		较好	好	
调速范围		大	小	大		较大	大	
功率特性	效率	低	较低	低	较低	最高	较高	高
	发热	大	较大	大	极大	最小	较小	小
成本		低		较低		高	最高	
适用范围		小功率、轻载或低速的中、低压系统				大功率、高速中高压系统	负载变化小、速度刚度大的中小功率中压系统	负载变化大、速度刚度大的中大功率中高压系统

2）快速运动回路和速度换接回路

快速运动回路与调速回路密切相关，调速回路选择油源方式、系统效率和温升等问题时需考虑快速运动回路，调速回路确定后快速运动回路基本上也确定了。

速度换接回路方式由调速回路和快速运动回路决定。选择速度换接回路还需依据系统具体要求确定选择机械控制换接方式还是电气控制换接方式，机械控制换接方式换接精度高、换接平稳、工作可靠，电气换接方式结构简单、调整方便、控制灵活。

3）压力控制回路

液压系统工作压力需与所承受负载相适应，对于定量泵供油的节流调速系统，系统压力由与泵并联的溢流阀控制；对于容积调速或容积-节流调速系统，系统最高压力由安全阀限定。各支路压力要求不同，可采用减压阀控制；系统在不同工作阶段需要不同工作压力，可通过先导式溢流阀遥控口，用换向阀接通远程调压溢流阀获取多级压力，也可用电液比例阀或数字阀实现多种压力控制；系统等待期间，液压泵卸荷。

对于调压回路，压力控制阀调整压力依据负载大小调整，一般比最大负载压力高10%~20%即可，以避免过多能量损失。

对于采用减压阀的减压夹紧回路，可在减压阀出口串联单向阀，以使高压主油路压力因快速动作而低于减压阀设定压力时短时间保压，使夹紧力在短时间内保持不变；在夹紧回路中，可采用失电夹紧的换向回路，以防止电气系统发生故障时松开；减压回路执行元件需调速时，流量阀应设置在减压阀之后，以防减压阀外泄油路对回路流量产生影响。

4）多缸运动回路

多缸运动回路与单缸运动回路相比，需额外考虑多缸间相互关系问题，即多缸先后动作问题、同步问题、互不干扰问题及不动作时的卸荷问题。每个缸的调速、换接、限压等问题,按单缸回路进行选择,合成液压系统时再做必要调整。

1.3.5.3　液压基本回路组合成液压系统

由液压基本回路组合成液压系统,需要首先选择和拟定液压系统主回路,其次撰写所需要的辅助回路,之后把各种液压基本回路综合在一起,并加入其他辅助元件与装置,如加入保证顺序动作或自动循环的相应元件,加入起安全保险、连锁作用的阀或装置。然后进行整理合并,去掉作用相同或相近的元件和回路,使系统简化,成为完整的液压系统。为便于液压系统维护与监测,在系统关键部位还需安装必要的检测元件,如压力表、流量计和温度计等。最后进行回路检查,看是否可实现系统所设计的要求。

此外,还应注意防止系统过热,确保提高系统效率,查看系统循环中的每个动作是否安全可靠、相互间有无干扰等。在实际设计过程中,确定液压系统原理图时,还可参考已有的同类产品或相近产品设计资料。

绘制液压系统原理图时,各液压元件图形符号应尽量采用国家标准中规定的图形符号,在图中要按国家标准规定的液压元件图形符号常态位置绘制,对于自行设计的非标准元件可用结构原理图或半结构示意图绘制。同时,液压系统原理图,还需注明各液压执行元件的名称和动作、各液压元件的序号及各电磁铁的代号,并附有电磁铁、行程阀及其他控制元件的动作顺序表。

1.3.6　进行液压系统计算与液压元件选择

液压系统的组成包括标准元件与专用元件,在满足系统性能要求前提下,尽量选用现有的标准元件,以缩短制造周期、降低成本。

液压元件的计算就是计算该元件在整个工作循环中所承受的最高压力和通过的最大流量,以便选择和确定元件的型号与规格,可依据需要查阅设计手册和产品样本。

1.3.6.1　液压元件型号编制方法

液压元件型号编制规则摘自 JB/T 2184—2007,涵盖了液压元件和液压辅件型号,适用于以液压油或性能相当的其他工作介质的一般工业用途的液压元件和液压辅件。

液压元件型号一律采用汉语拼音字母及阿拉伯数字,由两部分组成,前一部分表示液压元件名称和结构特征;后一部分表示元件的压力参数、主参数及连接和安装方式,两部分间用横线隔开,如图 1-7 所示。

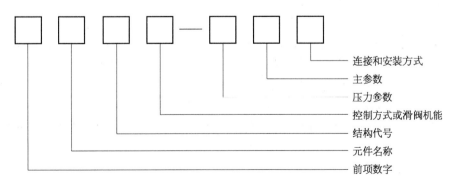

图 1-7　液压元件型号基本组成

1) 前项数字

用阿拉伯数字表示,包括多级液压泵的级数、螺杆泵的螺杆数、分级液压马达的级数、液压缸的活塞杆数、伸缩式套筒液压缸的级数、换向阀的联数、压力继电器和压力开关的接点头数等。而对于单级泵、双螺杆泵、单级液压马达、单活塞杆等,前项数字省略。

2) 元件名称

用大字汉语拼音第一音节的第一字母表示,若遇重复则用其他音节的第一字母表示,或者借用一些常用代号字母表示元件名称,元件名称代号见表 1-9,为简化编号,除非在可能引起异议的情况下,否则液压阀(F)可不标注,各元件名称代号中间用斜线隔开。

3) 结构代号

用阿拉伯数字表示,名称、主参数相同而结构不同的元件,其代号编排顺序可依据元件定型的先后给号,其中零号不必标注。

4) 控制方式或滑阀机能

用大写汉语拼音字母表示,控制方式代号见表 1-10。滑阀机能代号应符合 GB/T 786.1—2009 规定。

一个元件如有几种控制方式或滑阀机能时,则可按它们在元件中排列的位置、顺序写出其代号,中间用“、”分开;如遇 N 个相邻的相同代号,则可简写成“N.滑阀机能代号”。

5) 压力参数

元件公称压力或额定压力,其数值应符合 GB/T 2346—2003 规定,用大写汉语拼音字母表示,代号见表 1-11,若元件带有分级弹簧,则压力参数右下角用小写汉语拼音表示调压范围的最大阀或单向阀开启压力。分级代号另行规定,对具有几个压力参数的复合元件,用斜线将各压力参数代号隔开。

6) 主参数

用阿拉伯数字表示,其数字为元件主参数公称值,各类元件主参数及单位见表 1-12。

(1) 液压泵及马达主参数。用液压泵及马达排量表示,其数值应符合 GB/T 2347—1980 规定。

(2) 液压缸主参数。用液压缸的缸内径和行程表示,其数值应符合 GB/T 2348—2018 规定。

(3) 液压阀主参数。用液压阀通径表示。

(4) 蓄能器主参数。用蓄能器容积表示,其数值应符合 GB/T 2352—1997 规定。

(5) 过滤器主参数。用过滤器额定流量和过滤精度表示,其数值应符合 GB/T 20079—2006 规定。

(6) 冷却器主参数。用冷却器公称传热面积表示,其数值应符合 JB/T 5921—1991 规定。

7) 连接和安装方式

用大写汉语拼音字母表示,其代号见表 1-13,其中板式连接、法兰安装不必标注。

表 1-9　元件名称代号

元 件 名 称	代号	元 件 名 称	代号	元 件 名 称	代号
液压泵	B	电液溢流阀	Y_D^E	直角单向阀	AJ
齿轮泵	CB	比例溢流阀	BY	液控单向阀	AY
内啮合齿轮泵	NB	卸荷溢流阀	HY	*位*通电磁换向阀	$**_D^E$
摆线泵	BB	减压阀	J	*位*通液动换向阀	Y
叶片泵	YB	单向减压阀	JA	*位*通电液动向阀	$**_D^E Y$
螺杆泵	LB	比例减压阀	BJ	*位*通手动换向阀	**S
斜盘式轴向柱塞泵	XB	顺序阀	X	*位*通行程换向阀	**C
斜轴式轴向柱塞泵	ZB	单向顺序阀	XA	*位*通转阀	**Z
径向柱塞泵	JB	外控顺序阀	XY	*位*通比例换向阀	**B
曲轴式柱塞泵	QB	单向外控顺序阀	XYA	多路阀	DL
液压马达	M	平衡阀	PH	电液伺服阀	DC
齿轮马达	CM	外控平衡阀	PHY	梭阀	S
内啮合齿轮马达	NM	卸荷阀	H	液压锁	SO
摆线马达	BM	压力继电器	PD	截止阀	JZ
叶片马达	YM	延时压力继电器	PS	压力表开关	K
谐波马达	XBM	节流阀	L	蓄能器	X
斜盘式轴向柱塞马达	XM	单向节流阀	LA	气囊式蓄能器	NX
斜轴式轴向柱塞马达	ZM	行程节流阀	LC	隔膜式蓄能器	MX
径向柱塞马达	JM	单向行程节流阀	LCA	活塞式蓄能器	HX
内曲线轴转马达	NJM	延时节流阀	LS	活塞隔膜式蓄能器	HMX
内曲线壳转马达	NKM	溢流节流阀	LY	弹簧式蓄能器	TX
摆动马达	DM	调速阀	Q	重力式蓄能器	ZX
电液步进马达	MM	单向调速阀	QA	过滤器	U
液压缸	G	温度补偿调速阀	QT	网式过滤器	WU
单作用柱塞液压缸	ZG	温度补偿单向调速阀	QAT	烧结式过滤器	SU
单作用活塞液压缸	HG	行程调速阀	QC	线隙式过滤器	TX

续　表

元 件 名 称	代号	元 件 名 称	代号	元 件 名 称	代号
单作用伸缩套筒缸	*TG	单向行程调速阀	QCA	纸芯式过滤器	ZU
双作用单活塞杆缸	SG	比例调速阀	BQ	化纤式过滤器	QU
双作用双活塞杆缸	2HG	分流阀	FL	塑料片式过滤器	PU
双作用伸缩套筒缸	*SG	集流阀	JF	冷却器	LQ
电液步进液压缸	MG	单向分流阀	FLA	增压器	ZQ
液压控制阀	—	分流集流阀	FJL	液位计	YW
溢流阀	Y	直通单向阀	A	空气滤清器	KU

注：* 表示前基数字；D 表示交流；E 表示直流。

表 1-10　控制方式代号

控 制 方 式	代号	控 制 方 式	代号	控 制 方 式	代号
直流电磁铁	E	恒压力控制	P	温度补偿控制	T
交流电磁铁	D	恒流量控制	Q	伺服控制	C
比例控制	B	稳流量控制	V	手动伺服控制	SC
液压控制	Y	恒功率控制	N	电液伺服控制	DC
手动控制	S	限压控制	X		

表 1-11　压力参数代号

压力/MPa	代号	压力/MPa	代号	压力/MPa	代号
1.6	A	20	F	63	L
2.5	B	25	G	80	M
6.3	C	31.5	H	100	N
10	D	40	J	125	P
16	E	50	K	160	Q

表 1 - 12　元件主参数及单位

元件类别	主参数	单位	类别	主参数	单位
液压泵	排量	ml/r	液压阀	通径	mm
液压马达	排量	ml/r	蓄能器	容积	L
径向液压马达	排量	ml/r	过滤器	额定流量×过滤精度	(L/min)×μm
液压缸	缸内径×行程	mm×mm	冷却器	公称传热面积	m²

表 1 - 13　连接和安装方式代号

连接和安装方式	代号	连接和安装方式	代号	连接和安装方式	代号
螺纹连接	L	叠加连接	D	脚架安装	J
板式连接	省略	铰轴安装	Z	法兰安装	省略
法兰连接	F	耳环安装	E		
插入连接	R	球铰安装	Q		

1.3.6.2　液压泵的计算与选用

1) 液压泵类型的选择

常用液压泵类型与特性见表 1-14。一般情况下，当工作压力 $p \leqslant 21$ MPa 时，选用齿轮泵和叶片泵；工作压力 $p > 21$ MPa 时，宜选柱塞泵。若主机为行走机械，原动机为内燃机，则宜选外啮合齿轮泵和双作用叶片泵。若系统采用节流调速回路或通过改变原动机转速调节流量，或系统无调速要求，则可选定量泵；若系统要求高效节能，则应选变量泵。多执行元件速度差别较大时，宜选用多联泵供油；在室内和主机对环境噪声有要求的，应选用对噪声有控制结构的产品，如内啮合齿轮泵或双作用叶片泵。

表 1 - 14　常用液压泵类型与特性

特性	齿轮泵	叶片泵	螺杆泵	柱塞泵 轴向	柱塞泵 径向
额定压力/MPa	低压泵 2.5;高压泵 25	低压 6.3;中压 16;高压 32	2.5~10	≤40	≤40
排量/(ml/r)	0.5~650	1~350	25~1 500	4~100	6~500
最高转速/(min/r)	300~7 000	500~4 000	1 000~2 300	5 000	1 800
最大功率/kW	120	320	390	2 660	260
容积效率/%	70~95	80~94	70~95	88~95	80~90
总效率/%	75~90	75~90	70~85	85~95	80~92

特　　性	齿轮泵	叶片泵	螺杆泵	柱 塞 泵	
				轴　向	径　向
适用黏度/(mm²/s)	20~500	20~200	19~49	20~200	
自吸能力	非常好	好	最好	差	
变量能力	否	单作用叶片泵可以	否	好	
功率质量比/(kW/kg)	中	大	小	大	
输出压力脉动	大	小	小	小	
污染敏感度	小	大	小	大	
黏度对效率影响	很大	稍小		很小	
噪声	小~大	小~中	最小	中~大	
价格	最低	中	高	高	
适用场合	机床、工程机械、农用机械、搬运机械、车辆	机床、液压机、注塑机、工程机械、飞机及要求噪声低的场合	精密机床和机械、轻纺化工机械、石油机械	工程机械、矿山冶金机械、锻压机械、建筑机械、船舶、飞机等	

2) 液压泵规格的选择

(1) 液压泵最大工作压力 p_P。其取决于执行元件的最大工作压力,即

$$p_P \geqslant p_1 + \sum \Delta p_1 \tag{1-24}$$

式中　p_1——液压缸或液压马达最大工作压力,可由 p-t 图查得(Pa)。

　　$\sum \Delta p_1$——系统进油路压力损失总和[系统管路未确定前,可依据经验估算:简单系统可取 $\sum \Delta p_1 = (0.2 \sim 0.5) \times 10^6$ Pa;复杂系统取 $\sum \Delta p_1 = (0.5 \sim 1.5) \times 10^6$ Pa]。

(2) 液压泵最大流量 q_P。其依据执行元件工况图上最大工作流量与回路泄漏量确定:

$$q_P \geqslant \sum q_{max} + \sum \Delta q_s \tag{1-25}$$

式中　$\sum q_{max}$——同时动作各液压执行元件所需流量最大值之和(m³/s),对于工作过程始终用流量阀节流调速的系统,还需加上溢流阀最小溢流量,一般取 $(0.033 \sim 0.05) \times 10^{-3}$ m³/s 或 2 ~ 3 L/min。

　　$\sum \Delta q_s$——系统内部所有流量损失之和(m³/s)。

　　n——同时动作执行元件个数。

为了计算简便,也可近似为

$$q_P \geqslant k \sum q_{max} \qquad (1-26)$$

式中　k——系统泄漏系数,通常可取 $k=1.1 \sim 1.3$,小流量时取大值,大流量时取小值。

① 对于采用液压缸快进回路的系统,液压泵最大流量

$$q_P \geqslant k(A_1 - A_2)v_{max} \qquad (1-27)$$

式中　A_1、A_2——液压缸无杆腔和有杆腔有效面积(m^2)。

　　　　v_{max}——液压缸最大移动速度(m/s)。

② 对于采用蓄能器辅助供油系统,液压泵最大流量由系统一个工作周期中的平均流量确定:

$$q_P \geqslant \sum_{i=1}^{n} \frac{kV_i}{T_i} \qquad (1-28)$$

式中　n——执行元件个数。

　　　　V_i——执行元件在工作周期中总耗油量(m^3)。

　　　　T_i——执行元件工作周期(s)。

　　　　k——泄漏系数,可取 $k=1.2$。

在确定液压泵额定参数时,为使液压泵工作安全可靠,液压泵额定压力应留有一定压力储备量,通常液压泵额定压力可比工作压力高25%～60%;液压泵额定流量尽可能与计算得到的最大流量相当,以免造成过大的流量与功率损失。

1.3.6.3　液压阀的选用

各种阀类元件规格型号,可依据液压传动系统原理图与工况图中所提供的该阀所在支路最大工作压力、通过的最大流量,从产品样本中选取,各种阀额定压力与额定流量一般大于其最大工作压力和最大通过流量,并与之接近。溢流阀额定流量选取时应按液压泵最大流量选取;流量阀还需考虑最小稳定流量,以满足低速稳定性要求。单杆活塞缸若无杆腔有效作用面积为有杆腔有效作用面积的 n 倍,当有杆腔进油时,回油量为进油量的 n 倍,则需以 n 倍进油量选择通过该回路的阀类元件。

液压阀的安装方式对液压装置结构形式影响较大,螺纹连接适合系统较简单、元件数目少、安装位置宽敞;板式连接适于系统复杂、元件数目多、安装位置紧凑;法兰连接适于大口径阀。

1) 溢流阀

直动式溢流阀响应快,多用于小流量应用场合,适于作制动阀、安全阀;先导式溢流阀启闭性好,适于中、高压系统和流量较大场合,可作为调压阀和背压阀;二级同心式溢流阀泄漏量比二级同心式的小,适于保压回路。

2) 流量阀

选用流量阀时需注意最小稳定流量,中、低压流量阀最小稳定流量为 $50 \sim 100$ ml/min,高压流量阀最小稳定流量为 $2.5 \sim 20$ ml/min;使用流量阀时,需保证流量阀进出口有一定压差,高精度流量阀进出口压差约在 1 MPa;对于要求油温变化对执行元件速度影响小的系统,需选用温度补偿型调速阀。

3）换向阀

换向阀结构形式一般需依据阀的流量选择,当通过阀的流量超过 190 L/min 时,适用两通插装阀;当通过的流量低于 190 L/min 时,适用滑阀型换向阀;当通过的流量低于 70 L/min 时,适用电磁换向阀,否则用电液换向阀。

换向阀电磁铁类型可依据换向性能选择,直流电磁铁寿命长、性能可靠,优先选用直流式电磁换向阀。

换向滑阀中位机能需依据液压系统要求选择,三位换向阀用于单泵多缸液压系统时,中位机能应选择 O 型或 Y 型;若系统回路中有液控单向阀或液压锁时,则应选用 Y 型或 H 型。

1.3.6.4　液压辅件的选用

1）管件的计算与选择

管件包括油管与管接头。油管的规格尺寸多由与它连接的液压元件油口尺寸决定,选择的主要依据是液压系统工作压力、通过流量、工作环境和液压元件安装位置等。表 1-15 给出了钢管尺寸规格。对一些重要油管的内径与壁厚,还需要进行验算。

表 1-15　钢管尺寸规格

公称直径/mm	钢管外径/mm	管接头连接螺纹/mm	公称压力/MPa					推荐通过流量/(L/min)
			≤2.5	≤8	≤16	≤25	≤31.5	
			管壁厚度/mm					
3			1	1	1	1	1.4	0.63
4			1	1	1	1.4	1.4	2.5
5,6	10	M10×1	1	1	1	1.6	1.6	6.3
8	14	M14×1.5	1	1	1.6	2	2	25
10,12	18	M18×1.5	1	1.6	1.6	2	2.5	40
15	22	M22×1.5	1.6	1.6	2	5	3	63
20	28	M27×2	1.6	2	2.5	3.5	4	100
25	34	M33×2	2	2	3	4.5	5	160
32	42	M42×2	2	2.5	4	5	6	250
40	50	M48×2	2.5	3	4.5	5.5	7	400
50	63	M60×2	3	3.5	5	6.5	8.5	630
65	75		3.5	4	6	8	10	1 000
80	90		4	5	7	10	12	1 250
100	120		5	6	8.5			2 500

（1）油管内径：

$$d = \sqrt{\frac{4q_{max}}{\pi v}} \qquad (1-29)$$

式中　d——油管内径(m)；

　　　q_{max}——通过油管最大流量(m^3/s)；

　　　v——油管中允许的流速(m/s)。

（2）管壁厚度。当管道内油液压力 $p < 6.3$ MPa 时，无须验算壁厚；当管道内油液压力 $p \geqslant 6.3$ MPa 时，可按下式验算：

$$\delta \geqslant \frac{p_{max}dn}{2\sigma_b} \qquad (1-30)$$

式中　δ——油管壁厚(m)；

　　　p_{max}——管内最高工作压力(MPa)；

　　　d——油管内径(m)；

　　　n——安全系数，见表 1-16；

　　　σ_b——管材抗拉强度(MPa)，退火钢 $\sigma_b = 333$ MPa、20 钢 $\sigma_b = 432$ MPa。

表 1-16　钢管安全系数

管内最高工作压力/MPa	<7	7~17.5	>17.5
安全系数	8	6	4

在选择管接头时，要保证其具有足够的通流能力和较小的压力损失，同时还要使管接头具有装卸维修方便、连接牢固、密封可靠、结构紧凑、体积小、重量轻等优点。

2）油箱的选择

在液压系统中，油箱的主要作用是储油和散热，在保证供给液压系统足够油液的同时，还要将液压系统中由功率损失产生的热量散失掉，同时油箱还起到沉淀杂质、分离液压油中气泡、净化油液的作用。

油箱的主要参数是其容量，容量一般可依据经验公式计算得到，待系统确定后再按系统散热要求进行校核，油箱容量经验计算公式为

$$V = \alpha q_P \qquad (1-31)$$

式中　V——油箱有效容积(m^3)。

　　　α——经验系数；行走机械 $\alpha = 1 \sim 2$，低压系统 $\alpha = 2 \sim 4$，中压系统 $\alpha = 5 \sim 7$，锻压系统 $\alpha = 6 \sim 12$，冶金机械 $\alpha = 10$；对于安装空间允许的固定机械，或需借助箱顶安放液压泵及电动机和液压阀集成装置时，系数可适当放大。

3）过滤器的选择

过滤器选择时主要考虑过滤器通流能力、过滤精度及承压能力，通流能力一般为液压泵流量的 2 倍以上，过滤精度取决于液压元件类型（表 1-17）、系统工作压力（表 1-18）及安装部位（表 1-19），过滤器承压能力与过滤器结构形式、滤芯材料等有关。

表 1-17　液压元件过滤精度要求　　　　　　　　　　单位：μm

元 件 类 型	过 滤 精 度	元 件 类 型	过 滤 精 度
齿轮泵、齿轮马达	50	调速阀	10~15
叶片泵、叶片马达	30	比例阀	10
柱塞泵、柱塞马达	20	低增益伺服阀	10
液压缸	50	高增益伺服阀	5
溢流阀	10~15		

表 1-18　系统压力过滤精度要求　　　　　　　　　　单位：μm

系统类型	一　般　系　统			伺服系统
系统压力/MPa	<4	4~35	>35	21
过滤精度	20~50	10~25	<10	<5

表 1-19　安装部位过滤精度要求　　　　　　　　　　单位：μm

安装部位	液压泵入口	压　力　管　路				回油管路
		低　压	中　压	中高压	高　压	
过滤精度	80~120	30~50	20~40	15~25	10~15	50~100

4）蓄能器的选择

蓄能器主要用来储存压力能、减小液压冲击和吸收压力脉动。在选用蓄能器时，首先要依据蓄能器在液压系统中所起的作用确定其容量，然后再进行选择。

5）压力表与压力表开关的选择

选用压力表应使其测量范围大于液压系统最高压力。在压力稳定的系统中，压力表测量范围一般为最高工作压力的 1.5 倍；在压力波动较大的系统中，压力表测量范围应为最大工作压力的 2 倍。

1.3.7　液压系统性能验算

完成液压系统初步设计后，应对系统得到的技术性能指标进行一些必要验算，以便初步判断液压系统设计质量；或者从几个方案中选出最优的设计方案。但由于影响液压系统性能的因素较多且复杂，通常只是采用一些简化公式，对液压系统压力损失、系统效率、液压系统发热温升等性能指标进行近似估算。

1.3.7.1　液压系统压力损失验算

压力损失验算的目的是了解执行元件是否可得到所需的工作压力。系统进油路上的压力损失 $\sum \Delta p$（包括回油路，即从执行元件出口至油箱损失），由管道沿程压力损失 $\sum \Delta p_\lambda$、局部压力损失 $\sum \Delta p_\zeta$ 和阀类局部压力损失 $\sum \Delta p_V$ 等组成，即

$$\sum \Delta p = \sum \Delta p_\lambda + \sum \Delta p_\zeta + \sum \Delta p_V \tag{1-32}$$

沿程压力损失、局部压力损失和阀类局部压力损失可依据理论教材中有关公式计算。计算压力损失时需要注意,快速运动时执行元件上外负载小,管路中流量大,压力损失也大;慢速运动时,执行元件上外负载大、流量小,压力损失也小,所以应分别进行计算。

1.3.7.2　液压系统效率估算

估算系统效率 η 时,应考虑液压泵总效率 η_P、液压执行元件总效率 η_A 和液压回路效率 η_C:

$$\eta = \eta_P \eta_A \eta_C \tag{1-33}$$

其中,液压泵总效率 η_P、液压执行元件总效率 η_A 可由产品样本查取,液压回路效率 η_C 可按下式计算:

$$\eta_C = \frac{\sum p_i q_i}{\sum p_{Pi} q_{Pi}} \tag{1-34}$$

式中　$\sum p_i q_i$ ——各执行元件负载压力与负载流量(输入流量)乘积总和(W)。

　　　$\sum p_{Pi} q_{Pi}$ ——各液压泵供油压力和输出流量乘积总和(W)。

系统在一个完整循环平均回路效率 $\overline{\eta_C}$ 可按下式计算:

$$\overline{\eta_C} = \frac{\sum \eta_{Ci} t_i}{T} \tag{1-35}$$

式中　η_{Ci} ——各工作阶段液压回路效率。

　　　t_i ——各工作阶段持续时间(s)。

　　　T ——一个完整工作循环时间(s), $T = \sum t_i$。

1.3.7.3　液压系统发热温升验算

液压系统在工作时,由于存在着各种各样的机械损失、压力损失和流量损失,这些损失都将转为热能,使系统发热、温度升高,油温升高过多会造成系统泄漏增加、运动件动作失灵、油液变质、缩短橡胶密封圈寿命等不良后果,所以为使液压系统保持正常工作,应使油温保持在允许范围内。

系统中产生热能的元件主要有动力元件、执行元件、溢流阀和节流阀,散热元件主要是油箱。系统经过一段时间后,发热与散热会相等,即达到热平衡,不同设备在不同情况下,达到热平衡的温度也不一样,所以需进行验算。

1) 系统发热量计算

单位内液压系统发热量为

$$H = P(1 - \eta) \tag{1-36}$$

式中　P ——液压泵输出功率(W)。

　　　η ——液压系统总效率,它等于液压泵效率 η_P、回路效率 η_C 和液压执行元件效率 η_A 的乘积,即

$$\eta = \eta_P \eta_C \eta_A \tag{1-37}$$

2) 系统散热量计算

单位内液压系统散热量为

$$H_0 = hA\Delta t \tag{1-38}$$

式中　　A——油箱散热面积(m^2)。

　　Δt——系统温升(℃)。

　　h——散热系数[$\mathrm{W}/(\mathrm{m}^2 \cdot ℃)$],不同情况下 h 不同。

3) 系统热平衡温度验算

当液压系统达到热平衡时,$H_0 = H$,即

$$\Delta t = \frac{H}{hA} \tag{1-39}$$

当油箱三边边长之比在 $1:1:1 \sim 1:2:3$ 范围内,且油液高度为油箱高度的 80% 时,散热面积近似为

$$A = 6.5\sqrt[3]{V^2} \tag{1-40}$$

式中　　A——油箱散热面积(m^2)。

　　V——油箱有效容积(m^3)。

由式(1-39)算出的"Δt+环境温度"应低于油液最高允许温度,否则需采取进一步散热措施。

1.4　液压系统设计过程中应注意的问题

1) 设计过程中需严肃认真、精益求精

液压传动系统设计是一项综合的设计实践,为后续工程设计及液压传动技术应用打下了良好基础,在设计过程中需严肃认真、精益求精,才能使设计方法和综合技能得到训练和提高。

2) 液压传动设计与主机设计同步进行

液压传动设计与主机设计紧密相连,设计时,需从实际出发,有效结合机械、电气、液气等传动方式,充分发挥各种传动方式的优点,所设计的液压传动系统需满足主机拖动、循环要求;还应力求结构简单、体积小重量轻、工作安全可靠、使用维护方便且经济性好。

3) 液压传动系统设计需学生独立完成

液压传动系统设计可在教师指导下进行,但需学生独立完成,教师的作用是启发学生独立思考、总体方案把关、答疑解惑并按设计任务书规定进行阶段性检查。学生需充分发挥主观能动性,积极思考、分析和解决液压系统设计中涉及的复杂工程问题,不能被动依赖教师提供资料、数据、方案。

4）液压系统设计中需注意已有资料与创新之间的关系

任何工程设计都不应脱离前人长期积累且被实践证明行之有效的资料,而凭空产生。熟悉并合理选用已有各种设计资料、经验数据并继承和发展这些成果,既可避免重复劳动也可提高设计速度与质量。需注意的是可以收集、参考同类技术资料,但必须在消化理解后借鉴参考,绝不可以简单抄袭。

5）液压传动系统设计过程应树立标准化意识

液压回路与系统原理图,应采用现行图形符号标准进行绘制;对于需外购的如螺纹连接件、密封件等应采用标准件;尽量做到标准化、系列化设计,减少专用件设计;对于非标准件的某些尺寸如油箱尺寸等,也应尽量取为标准尺寸,以利于制造、测量和安装。

6）液压传动系统设计中液压元件选型要合理

液压传动系统中用到的泵、缸、马达、阀等液压元件及管件、密封件和紧固件及电机、联轴器、仪表等器件品类繁多,需认真全面分析当前主流系列标准件与外购件的相关资料,明晰其特点、型号规格、工作原理、性能参数、适用场合、安装连续尺寸等,以保证液压元件选型合理性。

7）液压传动系统设计需正确处理理论计算与工艺之间的关系

在液压传动设计中,很多零件结构及尺寸不能完全由强度等理论计算确定,还需综合考虑加工、装配工艺、经济性和使用条件等因素,如油路块设计时两相邻孔道间壁厚,考虑加工工艺及细长孔可能出现偏斜,其最小值通常为 5 mm,再依据油路块材料及油路压力校核其强度是否满足要求。

8）充分利用计算机

应用计算机绘制液压系统原理图、液压油路集成块零件图,进行仿真分析等。充分利用计算机,可提高设计计算、图样绘制、模拟仿真及文档资料处理的速度与效率。

9）树立节能减排、绿色环保设计意识

在液压传动系统过程中,应培养学生全面考虑产品材料选择、可回收性、可拆卸性及新技术、新工艺的能力,践行节能减排、绿色环保设计理念。

第2章　液压油路集成块设计

本章学习目标
(1) 知识目标：了解液压油路集成块的基本功能及使用要求。
(2) 能力目标：能根据具体情况对液压油路集成块进行设计。

液压油路集成块是连接液压泵与执行元件间液压油路集成化设计的载体,任何一个液压油路集成块都需自行设计,液压油路集成块通过阀块内部加工通道将相关液压油路连接起来。本章主要介绍液压油路集成块设计步骤、设计原则、设计要素等。

2.1　液压油路集成块设计原则及设计步骤

液压油路集成块又称组合式液压块或液压油路块,是 20 世纪 60 年代出现的一种阀与阀之间的连接方式,元件间省去连接用的管子而借助于块中孔道进行连通,油路集成块的上下表面又有若干连接孔,可作为块与块之间的连接,便于将各种回路叠加在一起成为所需要的系统。

液压与气压传动系统设计时,应遵循产品设计的一般规律与原则,但液压与气压传动系统设计又具有其特殊性,设计计算过程中要具体问题具体分析。

2.1.1　液压油路集成块设计原则

1) 集成块尺寸

集成块结构紧凑、体积小、重量轻。合理选择集成块内部阀的数量,若集成液压阀太多,则会使阀块体积过大,设计、加工困难;集成液压阀太少,集成的意义又不大。

2) 最小壁厚原则

一般集成块管道通径和阀或外连管道尺寸相对应,等于或小于阀口通径(不允许大),最小壁厚≥5 mm。

3) 阀芯水平布置原则

在布局时,需考虑阀体安装方向是否合理,阀芯应处于水平方向,以防止阀芯自重影响阀的灵敏度,特别是换向阀一定要水平布置。

4) 便于调节原则

对于工作中需调节的元件,设计时要考虑其操作与观察方便性,如溢流阀、调速阀等可调元件应设置在调节手柄便于操作位置;需经常检修的零件及关键元件如比例阀、伺服阀等,放置在液压阀块上方或外侧,以便于拆装或调节。

5）块内油路孔道尽量简单原则

集成块内油路通道尽量简单且正交,减少深孔、斜孔和工艺孔;集成块中孔径要与通过流量相匹配,特别需注意相贯通的孔应有足够通流面积。

6）集成块进、出油口方向与位置安装便利原则

集成块进、出油口方向与位置,应与液压系统总体布置及管道连接形式匹配,并考虑安装、调试操作便利。

2.1.2 液压油路集成块设计步骤

液压油路集成块结构设计时,需依据液压系统原理、连通关系及系统空间要求确定集成块尺寸、孔道布置及结构,可按如下步骤进行设计:

(1)液压油路集成块与孔道的通、断关系应符合液压原理图连通要求,首先需要掌握和理解液压系统原理图。

(2)依据阀块在系统中的布置与管路布局,初步确定各外接油口在阀块上的相对位置,并依据流量确定接头规格,准备安装在集成块上的各元件连接底板图形。

(3)布置元件。依据阀块工作原理、系统布局、阀本身特性和维护性能,初步确定各控制阀在阀块上的安装位置。

(4)设计孔道并反复优化各外接油口与阀件间流道,使各流道依据所设计的原理实现正确、合理的流通。

(5)生成液压集成块零件图。液压集成块的六个面都是加工面,其中有三个侧面要装液压元件,一个侧面引出管道,块内孔道纵横交错、层次多,需要多个视图和2～3个剖面图才能表达清楚,且孔道位置精度要求较高。因此,尺寸、公差及表面粗糙度均应标注清楚,技术要求也应予以说明。集成块视图较复杂,视图应尽可能少用虚线表达。

2.2 液压油路集成块设计要素

液压油路集成块的设计应明确要求,其设计要求主要包括满足液压回路图连通要求和集成块内元件空间布局要求。

2.2.1 液压系统图的确定

液压油路集成块的液压回路图是整个液压系统的局部油路,在液压系统图中可用点划线画出被集成的油路部分,液压油路集成块的设计需符合整个液压系统的原理,确定哪些油路可集成,需考虑因素包括如下。

1）液压油路集成块需集成的元件

液压油路集成块上集成的元件不仅包括控制阀,也可以结合蓄能器、压力阀、过滤器等。

2）液压油路集成块上元件数量应适中

液压油路集成块集成太多元件有可能导致集成块体积过大、过重,必须钻许多细长孔,给加工带来困难,大大提高成本;反之,若集成块上元件较少,则将导致液压集成块起不到应有的作用,进而造成资源的不必要浪费。

综合以上因素,从整个液压系统的液压系统图中生成集成块的液压回路图,包括详细的元件表:阀的分类、型号、许用压力、许用流量、生产厂商、数量,为方便后期校核,还需考虑

如下参数,以便确定液压油路集成块边界条件:

(1) 各流道通过的最大流量、允许压差;

(2) 各连接段最高工作压力;

(3) 各进、出油口最高工作压力等工况参数。

2.2.2 液压油路集成块上液压元件的布置

在分析液压系统原理图的基础上,依据油口就近连通原则,将有互通关系的阀安装在相邻的表面。集成块多为六面体(图 2-1),一般先依据主机总体布局,从方便布管及维修角度出发,确定进、出油口理想位置。如:可将进、出油口布置在集成块底面,其余五面均可布置液压阀;在布置阀的位置时,为减少工艺孔、缩短孔道长度,应尽量保证阀的互通油口位于同一层;互不通的油道之间除需留够壁厚外,还需考虑阀的上、下、左、右安装空间,保证阀与阀之间、阀与安装板之间不得有相碰的情况。液压阀面的 6 个表面功用如下:

1) 顶面和底面

阀块的顶面和底面为叠加接合面,表面布置有公用压力油孔、公用回油孔、泄油口及 4 个螺栓孔。

2) 右侧面

右侧面安装经常调整的元件,如压力控制阀类的溢流阀、减压阀、顺序阀等,流量控制阀类的节流阀、调速阀等。

3) 前侧面

安装方向阀类,如电磁换向阀、单向阀等,当压力阀类和流量阀类在右侧面安装不下时,应安装在前侧面,以便调整。

4) 后侧面

安装方向阀类等无须调整的元件。

5) 左侧面

左侧面设有连接执行机构的输出油口、外测压点及其他辅助油口,如蓄能器油孔、压力继电器油孔等。

在集成块布局过程中,各液压元件应尽可能紧凑、均匀地分布,既方便安装,又便于操作;需经常检修的阀,应安装在集成块的上方或外侧。

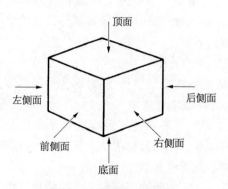

图 2-1 阀面 6 个表面

2.2.3　液压油路集成块的尺寸与材料

1) 液压油路集成块的尺寸

对于相对简单的液压系统,液压元件不多时,集成块上的元件布局尽量紧凑,尽可能把液压元件都集成在同一个集成块上;对于相对复杂的液压系统,液压元件相对较多时,应避免液压集成块孔道过长,造成加工制造困难,液压油路集成块外形尺寸一般不大于 400 mm,板上安装阀一般不多于 10~12 个,以避免孔道过于复杂,造成难以设计和制造,若系统元件较多,则可采用两个液压油路集成块。

液压元件间距离需大于 5 mm,换向阀上电磁铁、压力阀上的先导阀及压力表等可适当伸至液压油路块轮廓线以外,以减小液压油路块尺寸。

2) 集成块材料的选择

(1) 由于加工性好,承受低压的集成块一般选用球墨铸铁,尤其是深孔;因为随着厚度增加,内部组织疏松倾向较大,在压力油作用下易发生渗漏,所以铸铁块厚度不宜过大,不适用于中、高压场合。

(2) 承受中、高压的集成块,一般选 20 钢和 35 钢。

(3) 承受高压的集成块,最好选用 35 锻钢。

(4) 行走机械及注塑机、机床等有特殊要求的场合,为减轻重量,有时也采用铝合金制造集成块,此时需注意强度。

(5) 所用毛坯不得有砂眼、夹层等缺陷,必要时需对其进行检测。

(6) 铸铁块和较大钢块加工前需对其进行时效处理或退火处理,以消除内应力。

2.2.4　液压油路集成块内部孔道设计

2.2.4.1　孔道的类型

集成块内的油道孔包括与元件相连通油道孔,公共进、回油孔,测压点,辅助油孔及固定元件的螺钉孔等,其用以联系各控制元件,构成单元回路及液压控制系统。油液流经集成块内油道孔的压力损失,与油道孔的孔径、形状及粗糙度有关。若油道孔径过小、拐弯多、内表面粗糙,则压力损失就大;若油道孔径过大,则压力损失虽可减小,但会造成块体外形增大。设计集成块内孔道时,应尽量缩短孔道长度、减少拐弯,合理确定孔道连通截面面积,一般先设计集成块的主油路,再设计小通径的油路和控制油路。

在集成块孔道设计过程中,除依据液压原理图的要求,钻有连通各阀的孔道外,还要包括公共孔道及工艺孔道。

1) 与阀相通的孔道

集成块上与阀相通的孔径应与阀孔径相同,位置尺寸应与底板尺寸相同。

2) 公共孔道

一般在集成块上面或下面,钻有公用进油孔 P、公用回油孔 T、泄油孔 L 和 4 个用以固定集成块的螺栓孔。其中:

(1) P 孔。液压泵输出的压力油经调压后进入公用进油孔 P,用作供给各单元回路压力油的公用油源。

(2) T 孔。各单元回路的回油均通到公用回油孔 T,流回油箱。

(3) L 孔。各液压阀的泄漏油液,统一通过公用泄油孔流回油箱。

因阀块多为六面体,进、出油口一般布置在阀块底面,接通液压执行元件的管路一般布置在后边,其余四面或五面均可布置液压阀。

　　阀的安装位置需仔细考虑,使相通孔道尽量在同一水平面或同一竖直面上,相邻面孔道相通及利用工艺孔实现相通,结构如图 2-2 所示,对于复杂的液压系统,需要多个集成块叠积时,一定要保证三个公用油孔的坐标相同,使之叠积起来形成三个主油道。

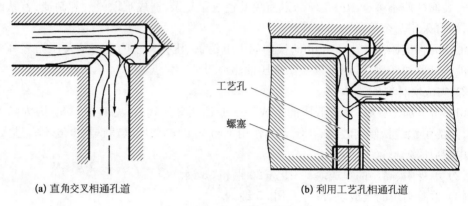

(a) 直角交叉相通孔道　　　　　　　　　　　(b) 利用工艺孔相通孔道

图 2-2　集成块内相通孔道结构

　　3) 工艺孔道

　　元件间需要通过内部孔道连通,如果无法直接连通需设置工艺孔,如内部交叉孔道可通过工艺孔进行连通,一旦油路加工后,需将工艺孔封堵,如图 2-3 所示。通常采用以下三种方法进行封堵:

　　(1) 球胀堵头。多用于封堵孔径小于 10 mm 的孔,要求有足够过盈。

　　(2) 焊接堵头。将焊接堵头周边连续均匀焊牢在要封堵的工艺孔外,多用于横孔靠近边壁的交叉孔的堵塞,直径小于 5 mm 的工艺孔可以不用堵头直接焊接。

　　(3) 螺纹堵头。可采用标准螺纹堵头,这种方法不但便于清洗集成块内部,而且需要时拧下螺纹堵头,改接压力表、传感器等,便于系统测试。

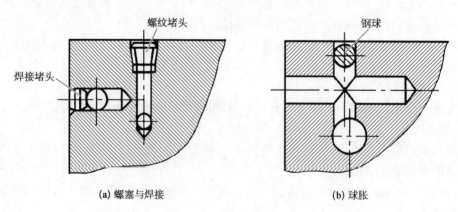

(a) 螺塞与焊接　　　　　　　　　　　　(b) 球胀

图 2-3　工艺孔封堵方式

　　集成块上的孔道一般应垂直于表面,有时为了避免孔道间发生干涉,有时也将孔道设计成斜孔,当然在可能的情况下孔的斜度越小越好,数量也越少越好,但需注意:斜孔会加大断面密封尺寸,还要防止其与相邻孔串通。

如某液压集成块,将 P、T 口布置在集成块下表面,连接执行元件的 A、B 布置在集成块后表面,考虑系统使用、维护的方便性,将过滤器安装在集成块前表面,其余元件(包括伺服阀、压力传感器等)统一布置在集成块上表面,测压点布置在除集成块下表面的其余面上,在集成块下表面设置四个安装螺纹孔;若需设置起吊螺钉,则布置在左右侧面。

2.2.4.2　孔径

各通油孔内径要满足允许流速要求,且尽可能减小流阻损失及考虑加工方便,通常与阀直接相通的孔径应等于所装阀的油孔通径,集成块内油道孔径可依据下式计算:

$$d \geqslant 4.61\sqrt{\frac{q}{v}} \tag{2-1}$$

式中　d——孔道直径(mm);

　　　q——孔道内可能流过的最大工作流量(L/min);

　　　v——孔道允许的最大工作流速(m/s)。

一般情况下,对于压力孔道,取 $v = 2.5 \sim 5$ m/s (系统压力高、管路短,油液黏度低时取大值,反之取小值);吸油管道取 $v = 0.5 \sim 1.5$ m/s;对于回油孔道,$v = 1.5 \sim 2$ m/s。按照公式估算时孔道直径圆整至标准通径值。

泄油口直径一般由经验确定:对于低、中压系统,当 $q = 25$ L/min 时,可取 $\phi 6$ mm;当 $q = 63$ L/min 时,可取 $\phi 10$ mm。

2.2.4.3　孔道壁厚

液压油路集成块的孔道间需满足液压原理图所需要的通断要求,并且不相通孔间距离要保证大于所规定的最小壁厚,孔道壁厚可依据下式校核:

$$\delta \geqslant \frac{pd}{2[\sigma]} \tag{2-2}$$

式中　δ——孔道壁厚(mm)。

　　　p——最大工作压力(MPa)。

　　　d——孔道直径(mm)。

　　$[\sigma]$——集成块材料许用应力(MPa)。$[\sigma] = \sigma_b/n$,其中 σ_b 为集成块材料抗拉强度(MPa)。n 为安全系数,对于钢管,$p < 7$ MPa, $n = 8$; $7 \leqslant p < 17.5$ MPa, $n = 6$; $p \geqslant 17.5$ MPa, $n = 4$。

2.2.5　集成块孔间距

1) 集成块钻相交孔最大偏心距不大于规定值

集成块钻孔多为直角相交,有时两个直角相交孔的轴线不完全相交,其偏心距为 e,e 相当于孔径 D 之比为偏心率,即 $E = e/D$,局部阻力系数 $\xi = 1.6 + 0.16E + 0.04$,当 $E < 30\%$ 时,阻力系数 ξ 可以接受;当 $E > 30\%$ 时,阻力系数 ξ 不可以接受。液压集成块钻相交孔如图 2-4 所示。

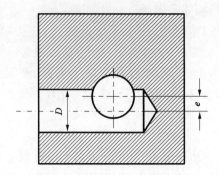

图 2-4　液压集成块钻相交孔

2）液压集成块油口间的间距应注意管接头旋转空间

集成块油口应为内螺纹,拧入的管接头为外六角,如图 2-5 所示,应有接头旋转和扳手空间,并应避免油口间距离太近而产生干涉。

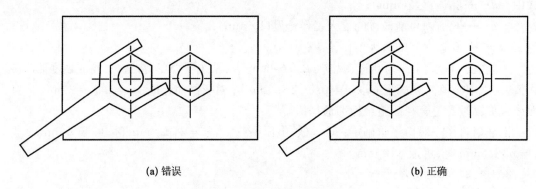

(a) 错误　　　　　　　　　　　　　　　　　　**(b) 正确**

图 2-5　液压集成块油口间距

3）液压集成块间距壁厚不宜小于 5 mm

具体如图 2-6 所示。

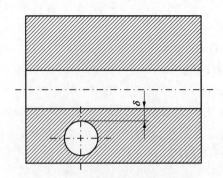

图 2-6　液压集成块间距壁厚

注:若 $\delta < 5$ mm,错误;若 $\delta \geqslant 5$ mm,正确。

2.2.6　其他需要考虑的设计要素

（1）在油路间壁厚允许的情况下,应尽量减小集成块体积,以使液压系统紧凑,如集成块体积加大,除生产成本增加外,块中孔道深度相应增加、工艺性变差,且孔道位置精度难以控制。集成块各部位的粗糙度与公差要求见表 2-1。

表 2-1　集成块各部位的粗糙度与公差要求

项　目	部　位	数值/μm	项　目	部　位		数　值
粗糙度 Ra	各表面和安装嵌入式液压阀的孔	<0.8	公差	定位销孔直径		H12
	末端管接头的密封面	<3.2		安装面的表面平面度		每 100 mm 距离上 0.01 mm
	O 形圈沟槽	<3.2		沿 X 和 Y 轴计算孔位置尺寸	定位销孔	±0.01 mm
					螺纹孔	±0.01 mm
	一般通油孔道	<12.5			油口	±0.02 mm
备注	① 块间结合面不得有明显划痕　② 为了美观,机械加工后的集成块表面可镀锌			块间结合面平行度		0.03 μm
				每个侧面与结合面垂直度		0.01 mm

（2）液压集成块深孔要考虑其加工可能性,集成块孔道为钻孔,钻深孔时钻头容易损坏,通常钻孔深度不宜超过孔径的 25 倍。

（3）固定集成块的孔,集成块一般通过内六角螺栓安装固定在设备的面板上,通常在集成块上设计四个连接通孔。

（4）在加工工艺条件允许情况下,可采用斜孔使两孔相通,图 2-7 为直孔连通与斜孔连通示意图。斜孔具有如下优点:

① 减少工艺孔,也就减少了工艺孔堵头,减少了可能的泄漏途径;

② 转折少,流通阻力小;

③ 可有效减小集成块尺寸。

（5）集成块应考虑设置安装孔,对于重量较大的阀块要设置起吊螺钉孔。

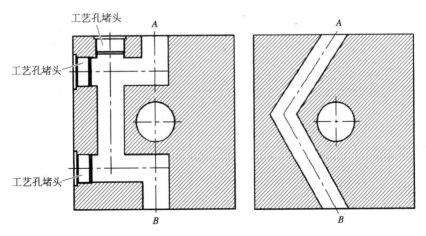

图 2-7　直孔连通与斜孔连通示意图

2.3　液压油路集成块零件图的绘制

2.3.1　零件图绘制需要考虑的设计要素

传统的集成块零件图一般用六个视图表达,每个视图表示一个面的安装螺孔和孔道尺寸,视图应符合 GB 4458.1—2002 规定,各视图按表 2-2 进行编号,并标出坐标系,如图2-8所示。图中空白部分可画出主要部分剖视图及集成块部分液压原理图。

表 2-2　视图编号

视图	主视图	左视图	俯视图	右视图	仰视图	后视图
代号	A	B	C	D	E	F

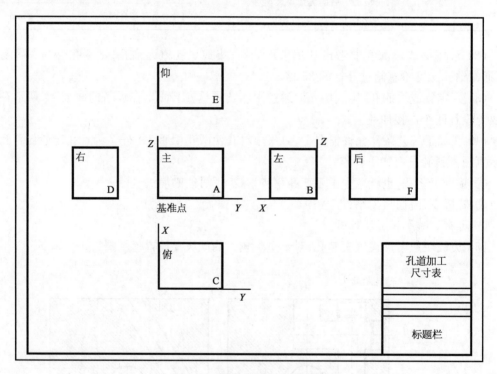

图 2-8　集成块零件图坐标系

1) 主视图选择

主视图应选择为正常安装姿态且最能表示集成块外形的视图。

2) 孔道的表达

为表达集成块内孔道,便于查找和加工、检验,应在主要的三个视图上用虚线画出正确的孔道投影(以正确、清晰为原则,尽可能以最少的虚线画出)。对某些难以用虚线投影表达清楚的细节,可用剖面图画出,但原则上应尽量少用剖面图。

3) 孔道定位尺寸

所有孔道定位尺寸均应标注在各自所在视图上,且标注原则应从同一基准出发。一般为适应计算机辅助设计与加工的需要,定位尺寸的基准应按图 2 - 8 所示确定。图中所示:以主视图的左下方为尺寸基准(坐标原点),标注阀安装螺孔的坐标尺寸,再以螺孔为基准标注与该阀连通其他孔口的位置尺寸,标注时应严格按照阀的安装底板尺寸图。一般安装螺孔之间的位置偏差为±0.1 mm,油口位置尺寸偏差为±0.2 mm。

4) 孔道编号

为便于加工和检验,阀块上所有孔道也均应予以编号,编号由一位字母代号和两位数字序号组成,如 A10,其中字母代号表示孔道所在的视图表面,应与视图编号一致,即:A—主视图;B—左视图……依次类推;后边两位数字序号为孔道顺序号,对各视图表面,分别按从上到下、从左到右的顺序各自编号。如 A01 为主视图上第一号孔;B09 为左视图上第九号孔……孔道编号应标注在相应孔口旁且不致引起混淆、误会的地方。

5) 孔道的形状尺寸

将孔道分为基孔和孔口结构两个部分,所有孔道形状尺寸均可分为基孔尺寸及孔口结构尺寸,并以“孔道加工尺寸表”的形式标注该两部分尺寸。

不予以编号的螺纹孔可不列入孔道加工尺寸表,应直接在相应视图上标注其加工尺寸,如“4 - M12 深 20 孔深 25”。

6) 孔道加工尺寸表

孔道加工尺寸表应位于图样标题栏附近,其格式见表 2 - 3。

表 2 - 3　孔道加工尺寸表格式

...						
...						
B01	0,38,45	16	通孔	CV16	F04,B12,D08	
...						
...						
A02	55,0,16	16	97(斜)	Q22	C10,D09	K - K
A01	25,0,12	6	175	DM10	C10,D02	
孔号	坐标	孔径	深度	孔口结构	相通孔号	备注

表 2 - 3 中,补充说明如下:

(1) “孔号”栏应填写按规则编制的孔道编号。

(2) “坐标”栏应填写孔道中心线与阀块体表面交点的三坐标数值。

(3) “孔径”栏应填写基孔的孔径。

(4) “深度”栏应填写基孔的深度,深度规定为从孔道所在的视图表面算起,对于斜孔,应在深度数值后加注“(斜)”字样,斜孔深度应从斜孔中心线与视图表面的交点算起。

(5) “孔口结构”栏应填入孔口结构代号,用以表示孔口结构形式和加工尺寸。无孔口结构的孔道,本栏不必填写。

(6)"相通孔号"栏应填入与孔道直接相连通的其他孔道的编号,间接连通的孔一律不予以填入。

(7)"备注"栏应填入孔道剖面符号等必要说明,如:对于斜孔,需绘制其剖面图,以表示出孔道倾斜方向及倾斜角度,将剖面符号填入备注栏。

(8)可在集成块图样适当位置绘制出相应代号的孔口结构局部剖面图,所有的有关加工尺寸、符号及技术说明均应标注在该剖面图上,并在剖面图上方标明孔口结构代号。

7) 孔道的校验

集成块设计完成后需进行孔道校验,可采用专用孔道检验计算机软件进行,检查所设计的集成块油路孔道是否有误贯穿或该贯穿的却未贯穿。检验合格后,应在图纸注明"已检验合格"字样,并由校验者签名。

8) 集成块的一般技术要求

集成块零件图上应附以规定的一般技术要求:

(1)采用锻件毛坯时,应进行正火处理以消除残余内应力,必要时应进行无损探伤以检查其内部质量。

(2)棱边倒角为 $2 \times 45°$,当阀体较小时,则倒角为 $1.5 \times 45°$。

(3)各油道孔口应保持尖边,勿倒角,但应尽量去掉毛刺。各管接头螺纹口倒角深度应不大于螺距的 1/2。

(4)去毛刺、飞边,认真清除孔道内的切屑、杂质,并清洗干净。

(5)按图示在各油口旁打上相应的油口标记钢印,钢印距孔口不小于 6 mm(以不影响 O 形密封圈的密封件性能为准)。

(6)当集成块表面采用化学镀镍处理时,镀层厚为 0.008～0.012 mm。

(7)加工完毕后的阀块体应有防锈、防尘等保护措施,表面应封盖,并存放于清洁干燥的场所。

2.3.2 利用三维建模 CAD 软件进行液压集成块设计

液压集成块具有密集而复杂的空间孔道系统,其设计工作是一件极其烦琐、复杂而又极易出错的工作,曾困扰了很多人。计算机辅助设计(CAD)技术不断进步,三维 CAD 软件的普及应用,改变了传统的设计方法,极大减少了设计者劳动强度。

目前机械设计行业中,常用的三维 CAD 软件有 SolidWorks、UG、ProE、Inventor、CATIA 等,虽然在发展趋势和版本升级上,各软件在界面操作上逐渐向 Windows 风格靠拢,但是相比其他软件,SolidWorks 更易掌握,且拥有最多的插件。

无论用哪种三维建模软件,液压集成块设计均可依据图 2-9 所示流程,从初步设计、三维建模装配到输出二维工程图纸进行。具体步骤如下:

1) 建立液压元件模型

在设计集成块之前,应首先明确液压原理图所实现的功能及所使用的液压元件。

液压原理图是由大量标准液压元件符号组成的,如液压泵、各种液压控制阀、液压辅助元件等,这些标准的液压元件具有确定的结构、尺寸和表示方法,在集成块的设计中要考虑这些液压元件的结构、功能及外形尺寸;生成集成块装配图时,则需要画出这些元件各个方向的视图,首先需建立所选用液压元件的三维模型,国外一些著名液压元件厂商会提供一些液压的三维模型,可直接调用,也可使用一些二次开发软件厂商提供的液压元件模型库,比较常用的模型也可以依据厂家提供的样本来创建。对于集成块模型开始可粗略估计尺寸来建立,以后还可在设计过程中不断更改。

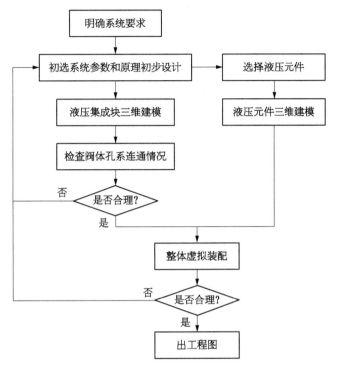

图 2 - 9　液压集成块设计流程

2) 在装配环境中设计集成块

(1) 建立虚拟的装配环境。液压集成块是一个二维六面体,集成块外部安装所需各种元件包括液压阀、管接头、压力测点、压力表等。集成块是安装元件的支撑体,集成块内部有许多相互连通或相互交错圆柱孔道,这些孔道与安装元件底面孔道沟通构成液压系统某个回路。设计液压集成块,首先要满足液压系统的动作要求,其次要保证安装在集成块上元件装配合理,互不干涉;最重要的是保证集成块内部孔道连通,无危险孔,工艺孔少。对于复杂的集成块由于表面的元件众多、尺寸各异,为避免发生干涉需建立一个虚拟的装配环境,在这个虚拟的装配环境中进行集成块设计的空间规划。

(2) 装配并布局液压阀。在虚拟装配环境中,装配并布局液压阀主要依据以下要求进行:

① 考虑特殊要求。某些阀的指定安装表面,装配布局需首先满足现场使用要求,如果考虑到整体美观及液压管道布置的需要,那么某些液压元件或接口需放置在指定的安装表面。

② 依据个人设计习惯。由于个人设计习惯不同,可能对同一功能的集成块出现不同的布局方式,可多考虑几种不同的装配布局形式,选择其中的最佳方案。

③ 确保操作及维护方便。布局设计要便于日后操作及维护,这点非常重要,在设计过程中需考虑集成块安装空间状况,保证液压元件及管路的拆卸与维护不存在空间障碍、操作

者在满足基本使用要求情况下操作便利。

3）建立关联孔系

由于集成块内部孔道多,孔深不一,有的需要相通,有的却不能相通且立体交叉,错综复杂,用二维方法表达不直观,易发生错误,在 SolidWorks 软件中,可通过插入异形孔的方法从而直观观察孔的位置及深度是否合理。

特别需要注意的是:为便于观察集成块内部孔道情况,可通过软件设置物体透明度功能把集成块设置成透明状态,也可通过"抽壳"方法实现;为便于观察,可把不同孔系赋予不同颜色。

还需注意:尽可能应用 SolidWorks 软件功能,如草图、约束、表达式,使设计的孔系具有关联性,这样在调整液压阀元件位置时,油路连通关系保持不变,同时尽可能保持油路拓扑结构,以方便实现设计变更(设计变更在设计过程不可避免),还可实现将一个设计通过少量人员修改,成为一个新设计。

4）优化油路

优化油路设计原则:工艺孔最少、避免深孔、集成块体积最小。工艺孔是为了实现相关连通孔系目的而设置的孔道,工艺孔出口一般都用螺塞等堵死,工艺孔过多,既增加了加工工序,又会增加使用过程中的泄漏风险出现,因此应尽可能把工艺孔数量控制在最少。在许可情况下,应尽可能将集成块体积优化到最小,这样不仅可降低制造成本,还会在一定程度上避免深孔出现。若出现深孔,不仅增加加工难度,还易发生钻孔偏斜。在设计过程中,应反复进行油路优化,使设计达到最佳。

5）检查油路连通关系

在集成块设计完成后应依据液压系统原理图进行油路连通关系检查,需避免油路连通关系与原理不符情况的出现。为检查直观,可把相连通油路赋予相同颜色,以便在一定程度上减少油路错误连接。

6）检查最小壁厚

在集成块设计过程中,可依据系统压力及集成块材质等因素确定一个孔间最小安全壁厚,以避免集成块油路间造成击穿,对于压力较高的液压系统,一般孔间壁厚不小于 5 mm,利用 SolidWorks 软件测量功能,可较容易实现最小壁厚的检查,只需选中待检查的两个孔,便可自动显示出孔的中心距和最小壁厚。

液压集成块上孔道设计实际上是空间孔系设计,也是集成块设计的关键所在,利用 SolidWorks 软件可轻松完成液压集成块设计的全部工作,并可对孔间距进行校核。 SolidWorks 软件的应用可大大减轻设计人员工作量,提高设计质量、提高设计效率。

2.4　液压油路集成块设计相关问题

液压系统中的能量损失主要表现为压力损失,系统的压力损失包括沿程压力损失和局部压力损失,当流体在液压集成块内部通过时,由于流体自身有一定黏度,液体一定会和管道产生摩擦,产生沿程压力损失;当孔道截面突然发生变化、流体速度和方向突然改变,形成旋涡,产生局部压力损失,局部压力损失远大于沿程压力损失,故液压系统集成块中复杂孔道的局部压力也是液压系统主要损失的一部分。

2.4.1　典型孔道结构局部压力损失

在液压系统设计过程中,液压集成块是液压系统中的关键零件,集成块中孔道与其液压元件中孔道相通,构成一定回路,集成块上要安装多个液压元件,导致集成块内部结构复杂。集成块内部结构越复杂,液压系统局部压力损失越大。在流速和孔道直径相同条件下,直角弯道、Z 形孔道、T 形孔道等压力损失不同。

1) 直角弯道

直角弯道是液压集成块内部最常见的结构形式之一,液压集成块内部的孔道采用钻孔、铣孔、扩孔和铰孔等方法加工而成,为保证集成块内部管道完全贯通,加工时钻头在末端会形成一段刀尖角区域。直角弯道结构如图 2-10 所示,箭头表示液体流动方向,相关条件和结构参数见表 2-4,直角弯道结构流速及压力损失见表 2-5。

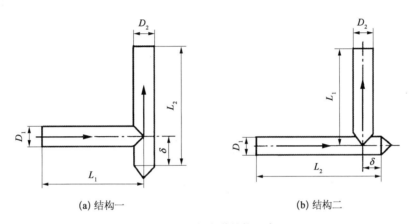

(a) 结构一　　　　　　　　　　(b) 结构二

图 2-10　直角弯道结构示意图

表 2-4　直角弯道结构相关条件及结构参数

液压油密度	动力黏度	入口速度	出口压力	D_1	D_2	L_1	L_2	δ
900 kg/m³	0.04 N·s/m	10 m/s	0.5 MPa	20 cm	20 cm	60 cm	80 cm	20 cm

表 2-5　直角弯道结构流速及压力损失

结构对比	出口最大流速/(m/s¹)	压力损失/MPa
图 2-10a	16.50	0.093 9
图 2-10b	15.58	0.092 8

由表 2-5 可知,相同条件下,孔道结构不同导致局部压力损失不同,通过两组数据对比得出(a)形弯道局部压力损失比(b)形弯道局部压力损失大 ($\Delta p_a > \Delta p_b$),说明直角弯道流道内阻受刀尖角结构影响,(a)形弯道能量损失相对更大一些,故液压集成块设计时,在结构和空间允许情况下应尽量选用(b)形弯道结构形式。

2) Z 形孔道

当集成块为连接不在同一平面上的两个液压元件,或在其他孔道干涉情况下,通常采用

Z 形孔道,如图 2-11 所示,箭头表示油液流动方向,Z 形孔道结构边界条件和结构参数见表 2-6。

表 2-6　Z 形孔道结构边界条件和结构参数

液压油密度	动力黏度	入口速度	出口压力	D_1	L_1	L_2	δ
900 kg/m^3	0.04 N·s/m	10 m/s	0.5 MPa	20 cm	60 cm	60 cm	20 cm

Z 形孔道结构压力损失及最大流速见表 2-7,Z 形孔道结构压力损失 Δp 为 0.207 MPa,把 Z 形孔道看作两个直角弯道组合,则在相同边界条件下如直角弯道(b)形结构时, $\Delta p > 2\Delta p_b$,Z 形孔道中的压力损失要大于两个直角弯道结构压力损失之和。

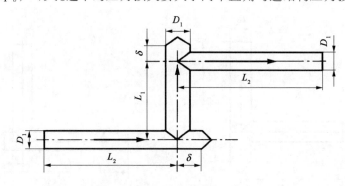

图 2-11　Z 形孔道结构示意图

表 2-7　Z 形孔道结构压力损失及最大流速

压 力 损 失	最 大 流 速
0.207 MPa	19.24 m/s

造成 Z 形孔道压力损失大的原因主要是二次旋涡,当油液流经第一个直角弯道后未到达第二个直接弯道过渡段时,油液速度尚未达到平稳,不平稳的油液流速再次进入孔道时,形成干净旋涡,过渡段不同孔道参数对压力损失的影响见表 2-8。

表 2-8　Z 形孔道不同孔道参数对压力损失的影响

L_1/D_1	入口速度/(m/s)	出口压力/MPa	D_1/cm	L_1/cm	L_2/cm	压力损失/MPa	最大速度/(m/s)
2∶1	10	0.5	20	40	60	0.208	20.06
3∶1	10	0.5	20	60	60	0.207	19.24
4∶1	10	0.5	20	80	60	0.193	17.16
5∶1	10	0.5	20	100	60	0.192	17.15

选择合适的过渡孔道,可减少管路能量损失,因此,在集成块 Z 形孔道设计时,在满足安

装位置前提下,尽量选择合适的过渡孔道距离,以改善流道内流动情况,减少局部压力损失,提高液压系统效率。

3)T 形孔道

液压集成块内广泛存在的 T 形孔道,如进油孔道的分流和回流孔道的合流,由于结构的不同,进油分流和回流合流的结构组合不尽相同,典型的 90°等直径孔道如图 2 - 12 所示,箭头表示油液流动方向,T 形孔道结构分流边界条件和结构参数见表 2 - 9。

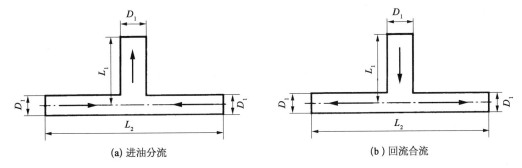

(a) 进油分流　　　　　　　　　　　**(b) 回流合流**

图 2 - 12　T 形孔道结构示意图

表 2 - 9　T 形孔道结构分流边界条件和结构参数

结构形式	入口速度/(m/s)	出口压力/MPa	D_1/cm	L_1/cm	L_2/cm
合流	5	5	20	70	140
分流	5	5	20	70	140

油液同向合流时,油液在合流孔道中出现冲击,流速、流向发生剧烈变化,合流后在管路的两侧分别产生了两个旋涡,压力发生急剧变化,在交汇孔道底部形成真空区,油液几乎不再流动;分流时油液首先在分流孔道底部形成一个高压区,在高压区处油液开始分流,在分流孔道内侧形成一个低压区,油液流速较慢。T 形管道合流时主要损失由两支不同流动形态液流的流束混合冲击损失和转向损失组成;分流时主要损失由液流分流处突然扩散时液流的流束压力冲击和转向损失组成,造成这种损失的根本原因是孔道交汇的结构影响。

改变交汇孔道结构,改变压力分布可缓解流束形态,如图 2 - 13 所示。液流同向合流时,在液流流经交汇孔道时,一部分注入加工过长的工艺孔道,另一部分流入汇合孔道,以减缓同向液流在合流孔道中出现冲击,流速得到缓解,加工孔过长的孔道相当于一个缓冲带,重新分配液流在孔道中的压力,在交汇孔道底部形成一段液流的滞止区,内部的液体流速很小,由于孔道内部液流的存在,可吸收一部分主流引起的压力冲击,降低液流间因高压产生的强烈碰撞,避免过多压力损失。通过表 2 - 10 可对比得出改进前后 T 形孔道系统压力损失。由于压力损失和速度有关,在满足系统装配要求前提下,该 T 形孔道可增大交汇孔道截面,降低孔道中流速,最终可降低液压系统压力损失。

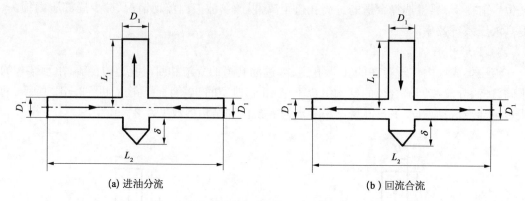

(a) 进油分流 (b) 回流合流

图 2 – 13 改变交汇孔道结构的 T 形孔道结构示意图

表 2 – 10 改进前后 T 形孔道系统压力损失

状　　态	最大速度/(m/s)	压力损失/MPa
改进前 T 形孔道合流	12.9	0.15
改进前 T 形孔道分流	7.01	0.07
改进后 T 形孔道合流	12.13	0.12
改进后 T 形孔道分流	7.01	0.03

2.4.2　液压集成块封堵技术

在液压集成块中,除了很多工艺孔需要封堵外,还有些内部油道端口也需要封堵,封堵品质的好坏直接影响着液压系统的可靠性;阀块除承担液压逻辑控制功能,长时间工作在高压、高频压力冲击及温度冲击环境下,对封堵品质的好坏更加依赖,一旦封堵不好,就会出现渗油、泄漏、污染环境,甚至导致液压系统瘫痪无法工作。液压系统故障有一半以上是由于密封不到位引起的,一旦开始出现渗漏,如果不及时修复,随着时间推移就会出现大量油液泄漏。

1) 液压集成块传统封堵工艺

目前,国内液压厂家采用传统的封堵工艺主要有两种:内六角(或者外六角)螺塞加密封组合垫的方式和钢球封堵。

(1) 大部分厂家使用第一种。使用压力基本在 5～30 MPa 范围内,优点是价格便宜,可拆卸;缺点是需要额外的工艺孔内螺纹加工工序,且内螺纹和密封面有垂直度要求,工艺烦琐且公差要求较高;拧紧扭矩有一定要求,达不到扭矩要求时易泄漏,超过扭矩要求时容易使螺纹损坏。有些厂家为保证封堵质量,常在螺纹上涂厌氧胶,拧紧时易有颗粒掉入孔中,且厌氧胶涂好后需要放置一段时间才能拧紧,从而影响工作效率。

(2) 第二种封堵方式是钢球。在加工好的孔中压入钢球,再焊死工艺孔。其优点是:单个钢球成本低廉,易安装,可实现自动化安装。缺点是:工艺孔精度要求高,安装时有高纵向力作用于阀块,仅可用于低压工况,无抗腐蚀保护,易形成碎屑掉落管路,属于线接触密封,密封面积很小,易泄漏和对阀块造成过大压力,外工艺孔焊接时阀块易出现热变形,所以大部分液压厂家基本上不再使用此种密封方式。

2）MB/CV 系列球胀式高压封堵

瑞士 KVT 公司生产的 MB/CV 系列球胀式高压封堵如图 2-14 所示。其设计原理是，通过纵向挤压钢球进入套筒，使套筒产生径向膨胀，套筒外围环形槽尖压入相对较低硬度工艺孔材质中或套筒本身被挤入相对高硬度工艺孔粗糙表面的间隙中，达到与工件的咬合密封。

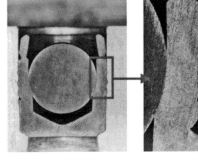

(a) 外形图　　　　　　　　　　(b) 剖面图　　　　　(c) 封堵原理

图 2-14　球胀式高压封堵

MB/CV 系列球胀式高压封堵可广泛用于低硬度和高硬度模板材质工件，其套筒直径 3～22 mm，额定耐压可达 45 MPa，安装对孔的公差要求很低，公差范围为 0～0.1 mm，对孔和表面垂直度无要求，对安装孔要求很低，适于批量生产，安装方便；其封堵的安全裕度和抗腐蚀能力都达到很高水平。

3）SK 系列抽拉膨胀式封堵

SK 系列抽拉膨胀式封堵也是瑞士 KVT 公司生产的产品，如图 2-15 所示。其设计原理是，安装工具将套筒顶在工艺孔中，同时向外拉动芯杆，套筒受力膨胀，直至芯杆在预设受力点被拉断，套筒外围环形槽尖齿压入低硬度工件材料中或挤入高硬度工件工艺孔粗糙度表面间隙中，实现咬合密封。

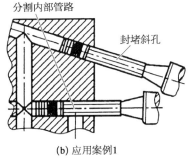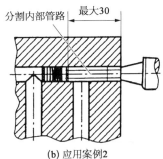

(a) 外形图　　　　　　(b) 应用案例1　　　　　　(b) 应用案例2

图 2-15　抽拉膨胀式封堵

SK 系列抽拉膨胀式封堵既可像 MB/CV 系列用于普通工艺孔的封堵，还可用于像斜孔（应用案例 1）、平行油道孔（应用案例 2）的内部密封。

对于油道孔要求如下：工艺孔公差在 0～0.12 mm 范围内，圆柱度误差小于

0.05 mm；对于硬度较高的阀块，油道孔的表面粗糙度 $Ra < 6.3$，采用钻孔即可实现加工。

　　SK 系列密封通过抽拉膨胀方式实现，阀块内部油液压力越高，密封越可靠，额定压力可高达 500 MPa，产品规格为 4~10 mm。

第3章 液压站设计

本章学习目标
(1) 知识目标：了解液压站的基本功能及使用要求。
(2) 能力目标：能根据具体情况对液压站进行设计。

简单液压系统主要由动力元件、执行元件、控制元件和辅助元件组成。对于较复杂液压系统，尤其是包含较多执行元件或采用多个液压动力设备时，动力部分被分离出来即为液压站；液压站主要用于主机与液压装置可分离的各种液压机械，它按主机要求供油，并控制液压油的流动方向、压力流量，用户只需将液压站与主机上的执行机构(液压缸或液压马达)用油管相连，即可实现各种规定的动作和工作循环。

液压站由液压油箱、液压泵装置、液压控制装置三大部分组成，其输出一定压力、流量的液体作为系统动力，其设计质量的优劣，对液压设备性能关系很大。

3.1 液压站的组成、结构形式及分类

3.1.1 液压站的组成

液压站通常由油箱组件、液压泵组件、油温控制组件、过滤器组件和蓄能器组件等几部分组成，详见表3-1。在实际液压站设计与使用过程中，需依据设备实际工况特点和具体要求取舍，同时还需将它们进行适当的组合，合理构成一个部件。

表 3-1 液压站组成

组成部分	包含元件	作 用	组成部分	包含元件	作 用
液压泵组件	液压泵	将机械能转变为液压能	油温控制组件	油温计	显示、观测油液温度
	原动机	驱动液压泵		温度传感器	检测并控制油温
	联轴器	连接原动机和液压泵		加热器	油液加热
	传动底座	安装、固定液压泵及原动机		冷却器	油液冷却
油箱组件	油箱	储存油液、散热、逸出气体	过滤器组件	各类过滤器	分离油液中固体颗粒，防止堵塞通道，保持油液清洁
	液位计	显示和观测液面高度	蓄能器组件	蓄能器	蓄能，吸收液压脉动和冲击
	过滤器	注油、过滤空气		支撑台架	安装蓄能器
	放油螺塞	放油			

3.1.2　液压站的结构形式

液压站的结构形式有集中式和分散式两种：

1) 集中式

集中式液压站将液压系统的动力源、控制及调节装置集中组成为液压泵站，并安装于主机之外。这种配置形式主要用于固定式液压设备，如机床及其自动线液压系统等。这种形式的优点是装配、维修方便，液压装置的振动、发热都与主机分开，有利于消除动力源的振动及油温对主机精度的影响；缺点是单独设液压泵站，占地面积较大。

2) 分散式

分散装置型液压站是指将液压系统的液压泵及其驱动电机、执行器、液压控制阀和辅助元件按照机器的布局、工作特性和操纵要求等分散安设在主机的适当位置上，液压系统各组成元件通过管道逐一连接起来。例如有的金属加工机床采用此种配置，可将机床的床身、立柱或底座等支撑件的空腔部分兼作液压油箱，安放动力源，而把液压控制阀等元件安设在机身上操作者便于接近和操作调节的位置。某液压弯管机床即采用了分散配置型液压装置，兼作油箱的空腔床身内装有液压泵及其驱动电机及部分液压阀，床身外侧面装有冷却器，通过橡胶软管将系统的各部分与安装在机床工作台两端的各执行器(液压缸)连接起来；再如工程机械等行走机械设备，以挖掘机为例，通常液压控制阀(如手动多路换向阀)安设在驾驶室内的适当位置，液压执行器(液压缸和液压马达)安放在各工作机构上(如液压缸安放在铲斗、斗杆、动臂等机构上，液压马达安放在转台和行走结构上)，而将其他元件分散安设在机器的底盘等处。

3.1.3　液压站的分类

1) 依据结构和布置方式分类(图3-1)

(1) 上置立式。泵装置立式安装在油箱盖板上，如图3-1a所示。主要用于定量泵系统，其特点是结构紧凑、占地面积小、噪声低且便于收集漏油。

(2) 上置卧式。泵装置卧式安装在油箱盖板上，如图3-1b所示。主要用于变量泵系统，以便于流量调节，其特点是便于安装、维修和散热，但需另设滴油盘收集漏油。

(3) 旁置式。泵装置卧式安装在油箱旁单独的基础上，如图3-1c所示。旁置式可装备用泵，主要用于油箱容量大于250 L，电机功率7.5 kW以上的系统，其具有前两种方法的优点，但占地面积大，需另设滴油盘收集漏油。

2) 依据冷却方式分类

(1) 自然冷却。靠油箱本身与空气热交换冷却，一般用于油箱容量小于250 L的系统。

(2) 强制冷却。采取冷却器进行强制冷却，一般用于油箱容量大于250 L的系统。

3) 依据油箱液面与大气是否相通分类

(1) 开式油箱。油箱内液面与大气相通，为减少油液污染，油箱上盖板设置空气滤清器，使大气与油箱内空气经过滤清器相通，图3-2为开式油箱示意图，应用较广。

(2) 闭式油箱。油箱中油液面与大气隔绝，又分为隔离式和充压式两种。充压式闭式油箱不同于开式油箱，其油箱整体封闭，顶部有一充气管，可送入0.05~0.07 MPa过滤后的纯净压缩空气，空气或直接与油液接触，或被输入至蓄能器气囊内不与油液接触，其优点是改善了液压泵吸油条件，但要求系统中回油管、泄油管承受背压，油箱本身还需配置安全阀、电接点压力等元件以稳定充气压力，只在特殊场合下使用。

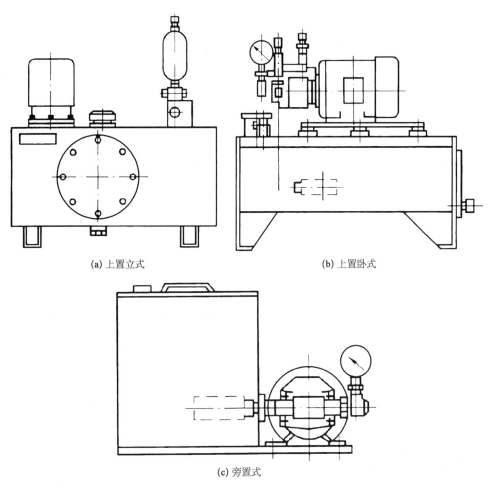

(a) 上置立式   (b) 上置卧式

(c) 旁置式

图 3-1 液压站结构和布置方式

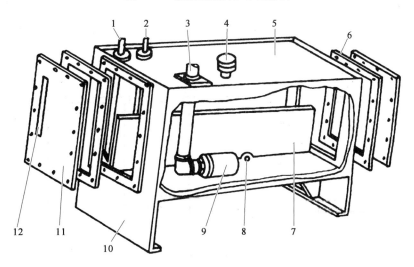

1—回油管;2—泄油管;3—吸油管;4—空气过滤/注油器;5—安装板;6—密封衬垫;
7—隔板;8—堵塞;9—过滤器;10—箱体;11—端盖;12—液位/温度计

图 3-2 开式油箱

3.2 液压油箱的设计

液压油箱的作用是储存液压油、分离液压油中的杂质与空气,同时兼起散热作用。

3.2.1 液压油箱有效容积的确定

液压油箱在不同工作条件下,影响散热条件很多,通常按压力范围考虑,液压油箱有效容量 V 可依据经验值计算如下:

在低压系统中 ($p \leqslant 2.5\,\text{MPa}$) 可取

$$V = (2 \sim 4)q_{\text{P}} \qquad\qquad (3-1)$$

在中压系统中 ($2.5\,\text{MPa} < p \leqslant 6.3\,\text{MPa}$) 可取

$$V = (5 \sim 7)q_{\text{P}} \qquad\qquad (3-2)$$

在中高压系统或高压大功率系统中 ($p > 6.3\,\text{MPa}$) 可取

$$V = (6 \sim 12)q_{\text{P}} \qquad\qquad (3-3)$$

式中 V——油箱有效容积(m^3);

    q_{P}——液压泵额定流量(m^3/min)。

应当注意:设备停止运转后,设备中的那部分油液会因重力作用流回油箱,为防止液压油从油箱中溢出,油箱中油位不能太高,一般不应超过油箱高度的 80%。

3.2.2 液压油箱外形尺寸的确定

液压油箱有效容积确定后,需设计液压油箱外形尺寸,一般尺寸比(长:宽:高)为 $1:1:1 \sim 1:2:3$,为提高冷却效率,在安装位置不受限时,可将油箱容量予以增大。

在确定油箱容量后,可从标准油箱系列(JB/T 7938—2010)中选定油箱具体规格,标准油箱结构如图 3-3 所示,外形尺寸见表 3-2。

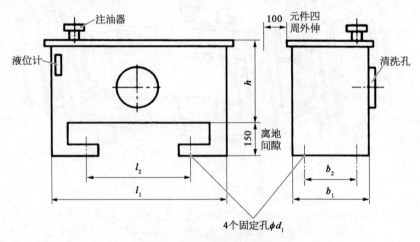

图 3-3 标准油箱结构细节

表 3 - 2　标准油箱外形尺寸　　　　　　单位：mm

公称油箱容量/L	b_1	b_2	l_1	l_2	h	近似油液深度	固定孔 ϕd_1	最小壁厚
40	290	210	415	215		345		
63	365	285	508	308	410	350		
100	460	360	633	393			14	3
160	590	190	810	570		340		
250	690	590	1 010	770	430	365		
400	735	635	1 514	1 274				
630	945	845			520	450		
800	900	800					22	3
1 000	1 065	965	2 014	1 774	550	475		
1 250	1 335	1 235				470		

3.2.3　液压油箱结构设计注意事项

以开式油箱为例。液压油箱多采用抗腐蚀性钢板焊接制作，且需考虑可加工性及制造经济性，条件允许时可采用不锈钢。设计注意事项如下：

(1) 油箱三边尺寸比例通常在 1∶1∶1～1∶2∶3 间分配，并使液面高度为油箱高度的 80%。

(2) 为防止空气中污物进入油箱，油箱上部通气孔上需配置空气滤清器，还可兼作注油孔用。

(3) 为使油温升高后充分散热，应使油液与箱壁充分接触。

(4) 尽量避免电机转动时引起振动，油箱盖厚度应比油箱侧壁厚度厚 3～4 倍。

(5) 为防止漏至盖板上的油液流至地面，油箱侧壁应高出盖板 10～15 mm。

(6) 吸油管与回油管相距尽可能远，吸油管前一般应设置滤油器，其精度可为 100～200 目网式或线隙式滤油器，滤油器要有足够容量，避免阻力太大，滤油器与箱底间距离应不小于 20 mm，吸油管应插入液压油面以下，以防吸油时卷吸空气或因流入液压油箱的液压油搅动油面致使油口混入气泡。

(7) 回油管出口多为斜口，一般为 45°斜口，为防止液面波动，可在回油管出口装扩散器，回油管需放置在液面以下，一般距液压油箱底面距离大于 300 mm，回油管出口绝不允许放在液面以上。

(8) 当油箱容量超过 100 L 时内部需设置隔板，隔板将系统回油区与吸油区隔开，并尽可能使油液在油箱内沿油箱壁环流，隔板下部需设缺口以便于吸油侧沉淀物经此缺口流至回油侧，并经放油口排出。

(9) 液位计的设置。液位计用于监测油面高度，其窗口尺寸应满足对最高、最低油位的观察，且要安装在易于观察处，液位计已是标准件，可依据实际需求选用。

(10) 密封和防锈。为防止外部污染物进入油箱,油箱上各盖板、油管通过的孔处都要妥善密封,油箱内壁应涂耐油防锈的涂料或磷化处理。

3.2.4　滤油器的选择

液压系统中的液体流经许多元件和管道,难免会有不洁净物质混入其中,如铁屑、油泥、砂粒等,这些杂物会损坏液压元件,影响系统运行效率,甚至导致系统故障,所统计约75%以上的系统故障是由于油液污染造成的,故为使液压元件和系统正常工作,需保持油液清洁。消除油液中固体杂质最有效的方法是安装滤油器有效过滤杂质,保护液压系统正常运行。

3.2.4.1　对滤油器基本要求

(1) 有足够过滤精度。过滤精度是指滤油器滤芯滤除杂质的粒度大小,以其直径 d 的公称尺寸(mm)表示,粒度越小、精度越高。一般过滤器分为粗($d\geqslant0.1$ mm)、普通($d\geqslant0.01$ mm)、精($d\geqslant0.005$ mm)和特精($d\geqslant0.001$ mm)四个等级。

(2) 有足够的过滤能力。过滤能力为一定压力下允许通过滤油器的最大流量,一般用滤油器有效过滤面积(滤芯上可通过油液总面积)表示,对滤油器过滤能力的要求,应结合滤油器在液压系统中安装位置考虑,如安装在进油管路上滤油器的过滤能力为泵流量的 2 倍以上。

(3) 压降特性。油液流经过滤器必然要产生压降。在滤芯尺寸和油液流量一定的情况下,滤芯的过滤精度越高,压降越大;流量一定情况下,滤芯有效过滤面积越大,油液的黏度越小,压降越小。

滤芯所允许的最大压降,应以使滤芯不致发生结构性破坏为原则。通常,航空、舰艇用过滤器的初始压降不应超过 0.25 MPa;机械用过滤器的压降不大于 0.08~0.15 MPa。

(4) 纳垢容量。过滤器在压降大于其规定限值之前截留的污染物问题称为纳污容量,过滤器纳垢容量越大,寿命越长。

(5) 滤油器应有一定机械强度,不因油液压力作用被破坏。

(6) 滤芯抗腐蚀性能要好,并可在规定温度下持久工作。

(7) 滤芯要利于清洗和更换,便于拆装和维护。

3.2.4.2　滤油器选用

滤油选用时需综合考虑如下因素,以获取最佳的可靠性与经济性。

(1) 滤油器精度。依据在系统中的安装位置、要保护的关键元件对过滤精度的要求、液压设备停机检修所造成的损失综合考虑。

进油路上一般采用精度很低的过滤器,可直接保护液压泵,除非是油液精度管理很差的情况下会用到,正常情况下有回油过滤器的保护油箱里的油液绝不会有太大的杂质,除非油箱是敞开的。由于进油过滤器对泵吸入性能影响大,现在不推荐使用。

泵出口高压过滤器,此处过滤器需耐高压,且比系统压力高出一个等级,泵出口油液进入各控制阀,故此处过滤器很重要,油液清洁度要保证系统要求。

回油过滤器,液压缸、马达、阀等在工作中会产生磨损杂质,维修后管路重新连接也会带入杂质,回油过滤器需滤除杂质,回油路上对过滤器要求是压力低、流量大、过滤精度低。

旁路过滤器为独立的过滤系统,专门用于油液的清洁或冷却等,此处过滤精度高。

关键部位专用过滤器,一般是在清洁度要求较高的阀或执行器之前单独加过滤器,精度较高。

（2）通流能力。要能够在较长时间内保持足够通流能力。

（3）系统压力与温度。滤芯要有足够强度,不因油液液压作用而损坏,滤芯要有好的抗腐蚀性能,可在规定温度下持久工作。

（4）滤芯要全面清洗或更换。

3.2.4.3 滤油器安装

过滤器安装位置如图3-4所示。

1）安装在泵的出油口(图3-4中1处)

（1）可以保护除液压泵以外的其他液压元件。

（2）过滤器应能承受油路上的工作压力和冲击压力。

（3）过滤阻力不应超过0.35 MPa,以减小因过滤所引起的压力损失和滤芯所受的液压力。

（4）为了防止过滤器堵塞时引起液压泵过载或使滤芯损坏,压力油路上宜并联一旁通阀或串联一指示装置。

（5）必须能够通过液压泵的全部流量。此种方式常用于过滤精度要求高的系统及伺服阀和调速阀前,以确保它们的正常工作。

2）安装在泵的吸油口(图3-4中3处)

阻力不大于0.01～0.02 MPa,油能力应是泵流量的2倍,以防空穴现象的产生。主要用来保护液压泵,液压泵中产生的磨损生成物将进入系统。一般采用过滤精度较低的网式过滤器。

3）安装在系统的回油路上(图3-4中2、4处)

（1）可以滤掉液压元件磨损后生成的金属屑和橡胶颗粒,保护液压系统。

（2）允许采用滤芯强度和刚度较低的过滤器。

（3）为防止滤芯堵塞等引起的系统压力升高,需要与过滤器并联一单向阀起旁通阀作用。

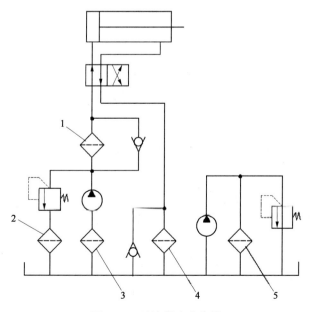

图3-4 过滤器安装位置

4）安装在独立的过滤系统中（图3-4中5处）

大型机械液压系统中可专设由液压泵和过滤器组成的独立过滤系统，可以不间断地清除系统中的杂质，提高油液清洁度。

3.2.5　液压油箱结构设计实例

液压油箱总体结构如图3-5所示。

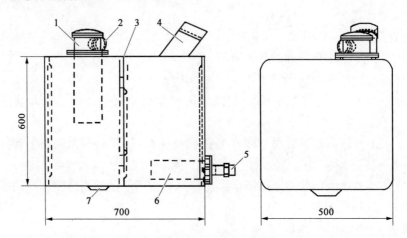

1—回油过滤器；2—回油管接口；3—隔板；4—加油口；5—吸油管；6—吸油过滤器；7—放油螺塞

图3-5　液压油箱总体结构

3.3　液压站结构设计

3.3.1　液压泵安装方式

液压装置包括不同类型的液压泵、驱动电机及联轴器等，其安装方式可分为立式和卧式两种：

1）立式安装

液压泵和与之相连的油管放在液压油箱内，其优点是结构紧凑、美观，同时电机与液压泵的同轴度可保证，且吸油条件好，泄漏的油液可直接回油箱；缺点是安装维修不便，散热条件差。

2）卧式安装

液压泵及管道都安装在液压油箱外，安装维修方便，散热条件好，但电机与液压泵的同轴度不易保证。

3.3.2　电机与液压泵连接方式

电机与液压泵的连接方式通常有法兰式、支架式和法兰支架式三种：

1）法兰式

液压泵安装在法兰上，法兰与带法兰盘的电机连接，电机与液压泵依靠法兰盘上止口保证同轴度，此连接方式拆装方便。

2）支架式

液压泵安装在支架的止口里，依靠支架底面与底板相连，再与带底座的电动机相连，结构简单、制造方便、成本低,其缺点是难以保证同轴度(电动机与液压泵的同轴度≤0.05 mm)。为防止安装误差产生的振动,常用带有弹性的联轴器。

3) 法兰支架式

电动机与液压泵先以法兰连接,法兰再与支架连接,最后支架安装在底板上,其优点是大底板不用加工,安装方便,电动机与液压泵同轴度靠法兰盘上止口保证。

3.3.3　液压站结构总体结构实例

BEX-160 液压站总体结构如图 3-6 所示,其尺寸长 800 mm、宽 600 mm、高 660 mm。

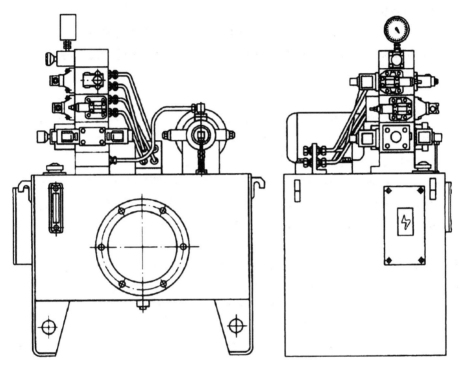

图 3-6　BEX-160 液压站总体结构

3.3.4　液压站结构设计注意事项

(1) 液压装置中各部件、元件的布置要均匀,便于装配、调整、维修和使用,且要适当注意外观的整齐与美观。

(2) 液压泵与电动机可装在液压油箱盖上,也可装在液压油箱外,主要考虑液压油箱的大小与刚度。

(3) 在阀类元件的布置中,行程阀的安放布置必须靠近运动部件,手动换向阀的位置需靠近操作部位;换向阀之间应留有一定轴向距离,以便进行手动调整或装拆电磁铁,压力表及其开关应布置在全面观察和调整的地方。

(4) 液压泵与机床相连的管道一般都先集中接到机床的中间接头上,然后再分别通向不同部件的各个执行机构中去,这样有利于搬运、装拆和维修。

(5) 硬管一般贴地或沿机床外形壁面铺设;相互平等的管道应保持一定的间隔,并用管夹固定。随工作部件运动的管道可采用软管、伸缩管或弹性管;软管安装时应避免发生扭转,以免影响使用寿命。

第4章 液压/气动控制系统设计

本章学习目标
(1) 知识目标：了解典型液压/气动控制系统的设计方法与步骤。
(2) 能力目标：能基于 PLC 构建液压/气动控制系统，并进行连接与调试。

液压系统与电气控制系统双向信息交流，相互间密不可分，目前多数情况下液压装置采用可编程控制器(programmable logic controller,PLC)控制技术，克服了以往继电器控制时线路复杂、动作慢、寿命短、系统控制精度差、故障率高的缺点。

PLC 工作性能稳定且各 I/O 指示简单、明了，易于编程、可在线修改，大大缩短了维修、安装与调试时间。采用 PLC 控制的液压与气动控制系统，工作平衡、准确，有利于改善劳动环境，提高液压/气动系统性能，延长液压/气动设备的使用寿命，提高生产率与自动化程度。

液压/气动控制系统的设计主要是指 PLC 的选择及编程。

依据液压/气动控制要求，PLC 选择主要参数包括 PLC 类型选择、输入/输出(I/O)点估算、处理速度/存储容量估算、输入/输出模块选择、电源选择、存储器选择、冗余功能选择等。

PLC 编程主要是指依据液压/气动控制要求，编写 PLC 应用程序。此外，还包括传感器设计、人机界面设计及通信系统设计等。

4.1 液压/气动 PLC 控制系统设计

PLC 控制系统以 PLC 为程控中心，组成控制系统，对生产设备或过程进行控制。PLC 控制系统以程序形式实现其控制功能。

4.1.1 液压/气动 PLC 控制系统设计步骤

PLC 控制系统一般依据如图 4-1 所示步骤进行设计。PLC 选型注意事项如下：

1) PLC 功能与控制要求相适应

对以开关量控制为主、带有少量模拟量控制的系统，可选用带有 A/D、D/A 转换，加减运算的中低档机；对控制复杂、功能要求高的系统，如需实现 HD 调节、通信联网等，可选用高档小型机或中大型 PLC。

2) PLC 结构合理、机型统一

对于工艺过程稳定、工作环境好的场合，一般选用结构简单、体积小、价格低的整体式结

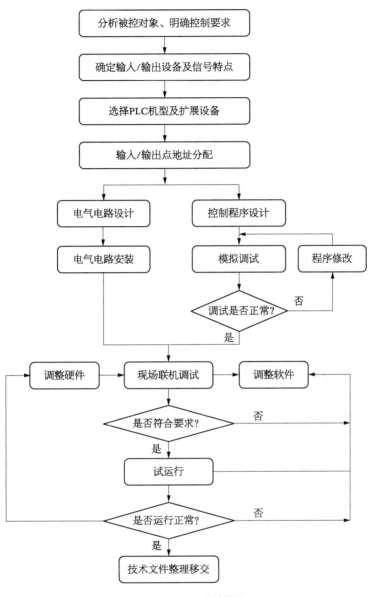

图 4 - 1　PLC 设计流程

构 PLC;对于工艺过程变化多、工作环境差,尤其是用于大型的复杂工业设备,可选用模块式结构 PLC,以便于维修、更换和扩充,但其价格高;对于应用 PLC 较多的系统,应尽可能选用统一机型,以利于购置备件、维修和管理。

3) 在线编程/离线编程

对于定型设备和工艺不常变动的设备,一般选用离线编程 PLC;反之,选用在线编程 PLC。

4) I/O 点数与输入/输出方式

依据被控设备对输入/输出点数需求量确定 PLC 的 I/O 点数,必要时可增加 15%～20% 备用量,以便后期调整或扩充。

5）存储容量

依据系统大小与控制要求不同,选择存储容量不同的 PLC,通常可按下式估算后,再留(20%~30%)余量选择:

$$存储容量(字节)=开关量 I/O 点数×10+模拟量 I/O 通道数×100$$

6）PLC 处理速度

PLC 以扫描方式工作,从接收输入信号到输出信号控制外围设备,存在滞后现象,但可满足一般控制要求,若需要输出响应快,则可采用快速响应模块、优化软件缩短扫描周期或中断处理等措施。

7）是否选用扩展单元

多数小型 PLC 是整体结构,除按点数分成一些档次(如 32 点、48 点、64 点等),还有多种扩展单元模拟选择。

8）系统可靠性

依据生产环境及工艺要求,尽可能选择功能完善且可靠性适宜的 PLC。对可靠性要求极高的系统,可考虑是否采用冗余控制系统或热备份系统。

4.1.2　PLC 控制系统硬件设计

PLC 控制系统硬件主要由 PLC、输入/输出设备和电气控制柜等组成。硬件设计一般步骤如下:

1）选择合适的 PLC 机型

PLC 选型主要从性能结构、I/O 点数、存储容量及特殊功能等多方面综合考虑,由于PLC 厂家很多,要依据系统复杂程度和控制要求选择,来保证系统运行可靠、维护方便及较高的性价比。

2）选择 I/O 点数

依据现场输入/输出设备,估算系统 I/O 点数,I/O 点数是衡量 PLC 规模大小的重要指标。

3）选择输入/输出模块

输入模块选择主要基于以下两点:依据现场输入信号与 PLC 输入模块距离远近选择工作电压,距离不超过 12 m 时选择 12 V 电压模块,距离较远的设备选用工作电压比较高的模块;对于高密度的输入模块,如 32 点输入模块,允许同时接通的点数取决于输入电压与周围环境温度,一般同时接通的输入点数不得超过总输入点数的 60%。

输出模块有继电器输出、晶体管输出和晶闸管输出三种形式。在输出变化不大、开关不频繁的场合优先选用性价比高的继电器输出;对于开关频繁、功率因数低的感性负载,可选用晶闸管(交流)和晶体管(直流)输出,但其过载能力低,对感性负载断开瞬间的反向电压需采取抑制措施。

在选用输出模块时需要注意的是,不能只看一个输出点的驱动能力,还要看整个模块的满负载能力,即输出模块同时接通点数的总电流值不得超过该模块规定的最大允许电流值;对功率较小的集中设备如普通机床,可选用低电压、高密度的基本 I/O 模块;对功率较大的分散设备,可选用高电压、低密度(即用端子连接)的基本 I/O 模块。

4）I/O 点数分配

依据要求对 I/O 点数进行分配,列出 I/O 分配表,并将同类信号集中进行配置,地址按顺序编排,分配表中可不包含中间继电器、定时器和计数器等器件,最后设计 PLC 的 I/O 端口接线图。

5) 估算用户控制程序的存储容量

参考系统复杂、I/O 点数、运算处理、程序结构等,参考表 4-1 对所需储存容量进行估算,并预留出 20%～25%的冗余量。

表 4-1　用户程序存储容量估算

序号	器件名称	所 需 存 储 量	序号	器件名称	所 需 存 储 量
1	输入开关量	输入点数×10 字/点	4	模拟量	模拟量通道数×100 字/通道
2	输出开关量	输出点数×8 字/点	5	通信端口	端口数×300 字/个
3	定时器/计数器	定时器/计数器个数×8 字/个			

6) 特殊功能模块配置

在工业控制系统中,除开关信号开关量外,还有温度、压力、液位、流量等过程控制变量及位置、速度、加速度、力矩、转矩等运动控制变量,需要对此类变量进行检测和控制。PLC厂家提供了包括 A/D 和 D/A 转换功能的模拟量输入/输出模块、温控模块、位控模块、高速计数模块、脉冲计数模块及网络通信模块等。

4.1.3　PLC 控制系统软件设计

软件设计主要是指编写满足生产要求的梯形图程序。一般按如下步骤进行:

1) 设计 PLC 控制系统流程图

明确系统生产工艺要求,分析各输入/输出模块与各种动作间的逻辑关系,确定需要检测的各种变量与控制方法,依据系统中各设备动作内容与动作顺序,绘制系统控制流程图,作为编写控制程序的依据。

2) 编写梯形图程序

依据 PLC 控制系统流程图,逐条编写满足控制要求的梯形图程序。编写过程中,可借鉴现成标准程序,但需理解其含义。

3) 系统程序测试与修改

程序测试,可初步检查程序是否可实现系统控制功能要求,通过测试不断修改、完善程序功能。测试时可从各功能单元开始,设定输入信号,观察输出信号变化情况;必要时可借用一些仪器进行检测,在完成各功能单元的程序测试后,再贯穿各个程序,测试各部分接口情况,直至完全满足控制要求。

程序测试完成后,还需到现场与硬件设备进行联机统调,现场测试时,需将 PLC 系统与现场信号隔离,既可以切断输入/输出外部电源,也可使用暂停输入/输出服务指令,以免引起误动作。调试完成后,编制技术资料,并将程序固化。

4.2　液压动力滑台 PLC 控制系统设计

动力滑台是组合机床加工件时完成进给运动的动力部件,通常采用液压驱动,且动力滑台一般有两种进给速度,先快速进给,再以较慢的速度进行加工,可用于镗孔、车端面等。

4.2.1 动力滑台液压系统设计

1) 拟定动力滑台液压系统回路方案

依据任务,液压系统要实现"快进→一次工进→二次工进→原位停留→快退→停止"的工作循环。结合自动化生产需要,液压系统回路方案设计如下:

(1) 调速回路。通过变量泵与调速阀组成调速回路,并保持稳定输出。

(2) 换向回路。液压缸换向通过三位五通电磁换向阀实现。

(3) 为保证加工质量,要求实现两个不同速度的工作进给,可由两个调速阀串联实现。

2) 绘制动力滑台液压系统原理图

基于以上分析,动力滑台液压系统原理如图 4-2 所示,工作状态可由 YA1~YA2 四个电磁铁通断控制。

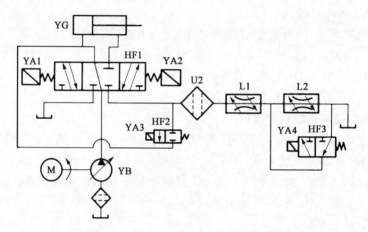

图 4-2 动力滑台液压系统原理示意图

4.2.2 动力滑台 PLC 控制系统设计

1) 动力滑台电气控制系统原理图设计

依据动力滑台工作过程控制要求,设计如图 4-3 所示动力滑台电气控制原理图,常态下气缸处于退回状态。具体过程如下:

(1) 当按下启动按钮 SB1 后,动力滑台由原位快速启动;

(2) 当快进至挡铁压住 SQ2 时,动力滑台由快进转为一次工进;

(3) 当一次工进至挡铁压住 SQ3 时,动力滑台由一次工进转为二次工进;

(4) 当二次工进至终点后,压住挡铁 SQ4;

(5) 终点停留 6 s 后,快速退回,至原位后压下 SQ1 停止。

系统在控制方式上,要求可实现自动/单周循环控制及点动调整控制。

2) PLC 选型和 I/O 地址分配

依据系统要求,系统共需 10 个开关量输入点、4 个开关量输出点,考虑系统的经济性与技术指标,选用某公司微型机 FX-24MR 机型,该机基本单元有 12 点输入、12 点输出,可满足系统控制要求。具体 I/O 地址分配见表 4-2。

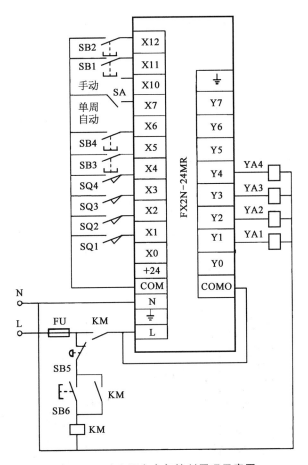

图 4-3 动力滑台电气控制原理示意图

表 4-2 I/O 地址分配

PLC 地址		说 明
	X11	启动按钮 SB1
	X12	停止按钮 SB2
	X1	原位停止开关 SQ1
	X2	行程开关 SQ2(一次工进)
	X3	行程开关 SQ3(二次工进)
输入	X4	终点开关 SQ4
	X5	点动右行开关 SB3
	X6	点动左行开关 SB4
	X7	自动/单周转换开关 SA
	X10	手动

续　表

PLC 地址		说　明
输出	Y1	电磁阀 YA1(打标气缸伸出)
	Y2	电磁阀 YA2(打标气缸退回)
	Y3	电磁阀 YA3(推料气缸伸出)
	Y4	电磁阀 YA1(推料气缸退回)

3）动力滑台 PLC 控制外部接线图

依据液压动力滑台工作要求，PLC 控制外部接线如图 4 - 4 所示。

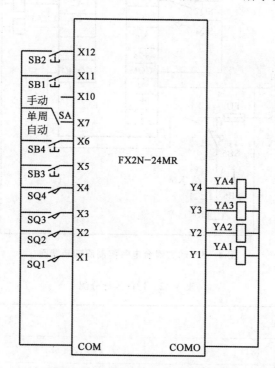

图 4 - 4　动力滑台 PLC 控制外部接线图

4）PLC 控制程序编写

依据控制要求，动力滑台 PLC 梯形图编写如图 4 - 5 所示。

5）实验调试

在液压实验台安装并调试动力滑台液压系统控制回路，具体步骤如下：

（1）正确分析动力滑台液压控制回路动作顺序与原理。

（2）在实训操作台上找出该系统所需要的元器件并合理布置各元器件位置，正确连接该控制回路。

（3）检查无误后接通电源，启动液压泵，待压力稳定后给系统供油。

（4）操作相应控制按钮，观察液压缸动作顺序是否与控制要求一致。若未达到预定动作要求，则需检查各液压元件连接是否正确、调节是否合理、电气线路是否存在故障等，要求

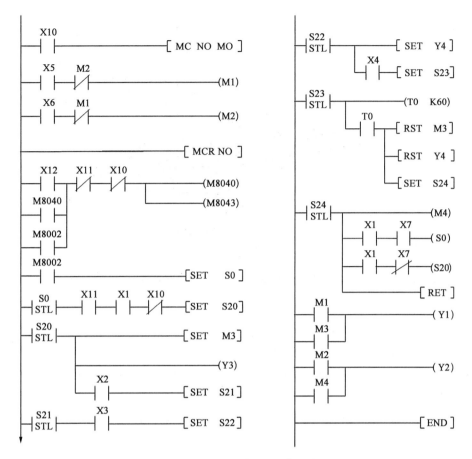

图 4 - 5　动力滑台 PLC 梯形图

可依据液压回路原理图和电气系统原理图检查并排除故障。

（5）调试正确并经指导教师检查后,关闭液压泵、放松减压阀等旋钮,拆下元件并放回原处。

4.3　气动打标机气-电控制系统设计

气动打标机工作过程如图 4-6 所示。按下启动按钮后,打印气缸和推料气缸按一定顺序完成先后动作,打印气缸活塞伸出,对工件进行打标→打印完成,打印气缸活塞杆退回→推料气缸活塞杆伸出,推出打印好工件→推料气缸活塞杆退回,等待进行下一工作循环,通过 PLC 与气动系统联合工作控制实现打标工作。

4.3.1　打标机气动系统设计

1) 拟定打标机气动系统回路方案

依据任务,气动系统要实现"打印气缸活伸出打标→打印气缸退回→推料气缸伸出→推料气缸退回"的工作循环,结合自动化生产需要,气动回路方案设计如下:

（1）调压回路。通过气动三联件中的减压阀对整个回路压力进行调节,并保持稳定

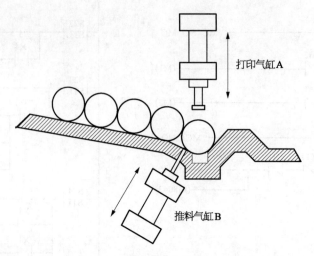

图 4 - 6　气动打标机工作过程示意图

输出。

　　(2) 换向回路。两个气缸换向通过两位五通双向电控电磁阀实现。

　　(3) 为保证打印质量,要求打印气缸伸出速度比较快,可由快速排气阀加快其速度;气缸返回时为减少冲击,可由单向节流阀调定其速度,同时考虑到其稳定性,设计成排气节流阀调整回路。

　　(4) 顺序动作回路。通过四个行程开关控制两个电磁阀换向,进而控制两个气缸先后动作顺序,整个动作过程通过 PLC 控制系统实现。

　　2) 绘制气动打标机气动系统原理图

　　基于以上分析,绘制气动打标机气动系统原理如图 4 - 7 所示,其回路工作过程为:当 YA1 通电时打标气缸伸出,当 YA2 通电时打标气缸退回;当 YA3 通电时推料气缸伸出,YA4 通电时推料气缸退回。

4.3.2　打标机 PLC 控制系统设计

　　1) 打标机电气控制系统原理图设计

　　依据气动打标机工作过程控制要求,设计如图 4 - 8 所示气动打标机电气控制系统原理图,常态下两气缸均处于退回状态,分别压住行程开关 B1、B3。

　　当按下启动按钮 SB1 后,继电器 KA1"＋"→电磁阀 YA1"＋"→打标气缸伸出;当打标气缸完全伸出时,压下行程开关 B2→继电器 KA2"＋"→电磁阀 YA1"－",YA2"＋"(KA2常开,常闭触点是复合触点,其动作顺序为常闭触点先断开后常开触点才闭合,故 YA1 失电后 YA2 得电)→打标气缸退回;当打标气缸收回时压下 B1,同时 KA2 保持"＋"→继电器 KA3"＋"→推料气缸伸出;当推料气缸完全伸出时压下 B4→继电器 KA4"＋"→YA3"－",YA4"＋"→推料气缸退回。

　　2) PLC 选择与 I/O 地址分配

　　依据系统要求,I/O 地址分配见表 4 - 1。

　　依据系统要求,系统共需 5 个开关量输入点,4 个开关量输出点,考虑到系统的经济性与技术指标,选用某公司的微型机 S7 - 200 系列机型(CPU 221),该机基本单元有 6 点输入、4

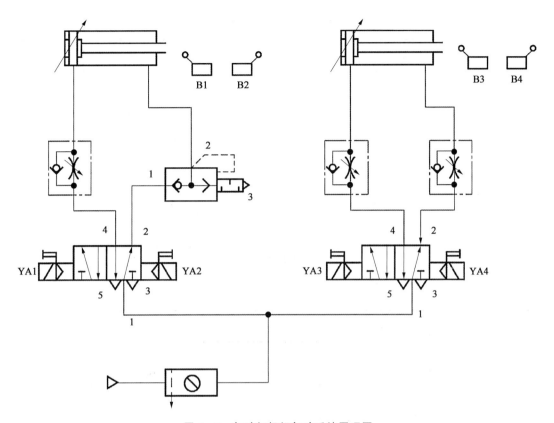

图 4-7 气动打标机气动系统原理图

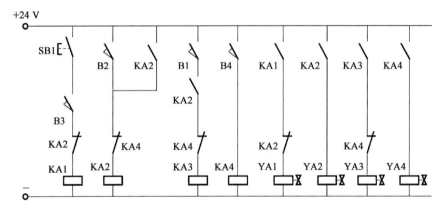

图 4-8 气动打标机电气控制系统原理图

点输出,可满足系统控制要求,具体 I/O 地址分配见表 4-3。

3)气动打标机 PLC 控制外部接线图

依据打标机工作要求,PLC 控制外部接线图如图 4-9 所示。

4)PLC 控制程序编写

依据控制要求,气动打标机 PLC 控制程序编写如图 4-10 所示。

5)实验调试

在气动实验台安装并调试气动打标机气动控制回路,具体步骤如下:

表 4 - 3　I/O 地址分配

PLC 地址		说　　明
输入	I0.0	启动按钮 SB1
	I0.1	行程开关 B1(打标气缸前限位)
	I0.2	行程开关 B2(打标气缸后限位)
	I0.3	行程开关 B3(推料气缸前限位)
	I0.4	行程开关 B4(推料气缸后限位)
输出	O0.1	电磁阀 YA1(打标气缸伸出)
	O0.2	电磁阀 YA2(打标气缸退回)
	O0.3	电磁阀 YA3(推料气缸伸出)
	O0.4	电磁阀 YA1(推料气缸退回)

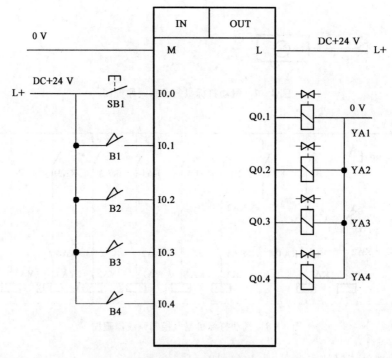

图 4 - 9　PLC 控制外部接线图

（1）正确分析气动打标机控制回路动作顺序与原理。

（2）在实训操作台上找出该系统所需要的元器件并合理布置各元器件位置,正确连接该控制回路。

（3）检查无误后接通电源,启动空气压缩机,先将空气压缩机出气口阀门关闭,待气源稳定后,打开阀门向系统供气。

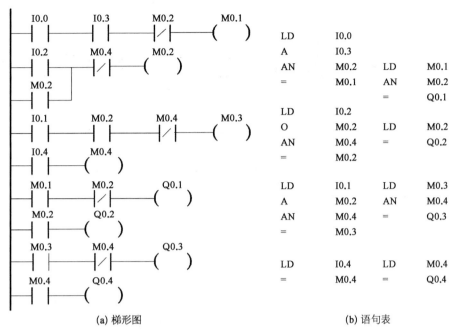

(a) 梯形图   (b) 语句表

图 4 - 10 气动打标机控制程序编写

（4）操作相应控制按钮，观察气缸动作顺序是否与控制要求一致，若未达到预定动作要求，则需检查各气动元件连接是否正确、调节是否合理、电气线路是否存在故障等，要求可依据气动回路原理图和电气系统原理图检查并排除故障。

（5）调试正确并经指导教师检查后，关闭空压机、放松减压阀等旋钮，拆下元件并放回原处。

第5章 液压/气动系统仿真设计

本章学习目标

(1) 知识目标:了解液压/气动仿真软件的功能及特点。

(2) 能力目标:能根据需求对液压/气动系统进行建模、仿真分析。

随着液压/气动系统设计要求的不断提高,传统设计方法已不能满足液压/气动系统设计要求,对于要求较高、需要满足性能指标较多的液压系统,如复杂的液压元件或液压控制系统,只有采用计算机仿真设计方法,才能缩短设计周期,达到更好的设计效果。仿真分析技术对于液压元件及系统设计具有重要辅助作用,该技术通过数学建模、模型求解及结果分析相应步骤实现,提高了设计成功率,大大缩短了设计周期。

5.1 仿真技术在液压/气动系统中的应用及发展方向

5.1.1 仿真技术在液压/气动系统中的应用

(1) 对现有的液压系统或元件,通过理论推导建立其数学模型,进而进行仿真实验,所得到的仿真结果与实验结果比较,验证理论推导的准确程度,反复修改数学模型,直至理论模型与实验结果接近,把此模型作为设计类似元件或系统的依据。

(2) 对已有的液压/气动系统,通过建立数学模型与仿真实验,确定参数调整范围,作为系统调试依据,进而可缩短调试时间、降低实验成本。

(3) 对新设计的液压/气动元件,通过仿真计算可研究元件各部分结构参数对其动态特性的影响,进而确定满足性能要求最佳结构参数的匹配,为实际设计该元件提供必要的数据。

(4) 在设计新系统时,通过仿真计算可验证设计方案的可行性及结构参数对系统动态性能的影响,进而确定最佳控制方案及最佳结构和控制参数的匹配。

总之,通过仿真计算,可得到液压/气动元件或系统的动态性能,研究提高其动态性能的途径,等等。仿真技术已成为研究和设计液压/气动元件或系统的重要组成部分,并得到越来越多的重视。

5.1.2 液压/气动仿真技术发展方向

现代液压/气动仿真技术发展迅速,并在工程实际中应用越来越广泛,纵观计算机仿真与液压/气动技术最新进展,液压/气动仿真技术主要发展方向如下:

1) 开发易于建模的液压/气动系统仿真软件

模型是仿真的基础,深入研究液压/气动系统的建模与算法,快速建立正确的模型,更深入、真实反映系统主要特征,大力发展建模技术,为液压/气动系统设计和分析提供依据,提高系统仿真的精度与可靠性。

2) 完善仿真模型库

在泵、马达、缸、控制阀和辅助元件等五类液压/气动元件基础上,将在实际液压/气动系统中使用到的液压/气动元件和电气元件加到仿真模型库中;完善液压/气动仿真软件的移植性,开发通用接口,增强不同仿真软件间的通用性。

3) 优化算法与设计

系统仿真软件的优化设计包括算法设计优化、结构设计优化、参数优化,可用现代控制理论和人工智能专家设计系统结构,并确定系统参数,缩短设计周期,达到最优效果。

5.2　液压/气动系统回路仿真步骤及注意事项

5.2.1　液压/气动回路仿真步骤

1) 构建液压系统模型

利用数学模型和仿真软件构建液压系统模型。其中液压系统可分为液压源、执行机构和控制系统,在液压系统建模过程中分别对三个部分进行建模,并将它们组合成一个完整的系统模型。

(1) 液压源的建模。该建模是指将液压源转化为不同类型的源模型,如稳态源、瞬态源、压力源等。液压源模型主要依据实际情况确定,一般情况下可采用数据拟合方法获取源模型参数。

(2) 执行机构建模。执行机构包括缸、马达、控制阀等,执行机构的建模基于二阶系统性质进行,液压元件可使用系统自带元件库中模型,也可依据实际情况自行编写模型。

(3) 控制系统建模。控制系统模型包括控制器、信号传递元件等,控制器建模可使用PID 控制器等自带的控制器模型,也可依据实际情况自行编写控制器模型。

(4) 系统组合。将不同类型的源、执行机构、控制器组合起来,形成原始系统模型,在组合时需考虑系统的物理连续性与能量守恒原理。

2) 确定系统参数

确定包括泵/空压机、执行元件、控制阀的等参数。

3) 仿真分析

运用不同的仿真技术模拟液压/气动系统的运行并记录数据。常用的仿真分析方法如下:

(1) 系统结构分析。对于大型液压系统,需要对其结构进行分析,确定系统中各组件连接方式与数量,以便给出合理的系统建模方案,结构分析中往往用流程图来表示各衔接部件间关系,通过系统结构分析可了解系统工作原理与特点,为系统建模与仿真提供较为明确的方向与指导。

(2) 参数优化分析。为液压系统优化设计的重要环节,通过参数优化可获得液压系统的运行参数,如压力、流量、功率等,可依据要求进行调整和优化,以提高系统的效率和质量,参数优化需要重点注意系统的控制方式、工作温度、结构特点和运动状态等,以期得到合理的分析结果。

(3) 工况分析。对于实际应用的液压系统,须进行不同工况下的动态仿真分析,工况分析的目的是确定系统的适用范围与工作状态,以便为系统性能评定与改进提供参考。常用的工况分析有启动、制动、变速和负载变化等。

(4) 故障诊断分析。为液压系统分析的重要环节,在实际操作中,液压系统经常出现各种故障,如泄漏、堵塞等,通过故障诊断分析可找出产生故障的原因,避免故障的发生,以保证系统运行的稳定性与安全性,故障诊断分析需要综合运用机械、液压及控制等各学科智库,以便确定故障及其原因。

4) 数据分析与结果

评估液压系统在不同情况下的性能指标,如流量、压力等,并提供优化方案。

5.2.2 液压/气动回路仿真注意事项

(1) 为方便阅读,液压/气动回路图中元件图形符号一般应按原动机左下,按顺序各控制元件从下往上、从左到右,执行元件在回路图上部按从左到右的原则布置。

(2) 管线在绘制时尽量用直线,避免交叉,连接处用黑点表示。

(3) 为便于液压/气动回路的设计和对回路进行分析,可以对气动回路中的各元件进行编号,在编号时不同类型的元件所用的代表字母也应遵循一定规则:泵和空压机用字母"P",执行元件用字母"A",原动机用字母"M",传感器用字母"S",阀用字母"V",其他元件用字母"Z"(或用除上面提到的以外其他字母)。

(4) 换向阀的接口为便于接线应进行编号,墙号应符合一定规则。

5.3 基于 AMESim 软件液压/气动回路仿真分析

5.3.1 AMESim 软件简介

AMESim 软件最早由法国 Imagine 公司于 1995 推出,2007 年被比利时 LMS 公司收购。AMESim 软件是实现"多学科领域复杂系统建模仿真的平台",用户可在这单一平台上建立复杂、多学科领域的系统模型,并在此基础上进行仿真计算和深入分析,也可在此平台上研究任何元件或系统的稳态和动态性能,面向工程应用的定位使得 AMESim 软件成为汽车、液压和航空航天工业研发部门的理想选择。

AMESim 软件使得工程师迅速达到建模仿真的最终目标:分析和优化工程师的设计,降低开发成本、缩短研发周期,AMESim 软件建立了模型库,使得用户可从烦琐的数学建模中解放出来进而专注于物理系统本身的设计。AMESim 软件现有应用库包括机械库、信号控制库、液压库(包括管道模型)、液压元件设计库(HCD)、动力传动库、液阻库、注油库(如润滑系统)、气动库(包括管道模型)、电磁库、电动机及驱动库、冷却系统库、热液压库(包括管道模型)、热气动库、热液压元件设计库(THCD)、二相库、空气调节系统库,作为设计过程中的一个主要工具,AMESim 软件还具有与其他软件包丰富的接口,如 Simulink、Adams、Simpack、Flux2D、dSPACE 和 iSIGHT 等。

使用 AMESim 软件,可通过在绘图区添加符号或图标搭建工程系统草图,搭建完草图后,可按如下步骤进行系统仿真:① 手动数学描述的图标元件到工作区;② 设定元件的特征;③ 初始化仿真;④ 绘图显示系统运动状况。

5.3.2 AMESim 使用方法

AMESim 软件用户界面是基本的工作区域,根据当前的工作模式,用户可选择各种可用工具,这些工具主要包括主窗口、主菜单、工具栏。

5.3.2.1 主窗口

启动 AMESim 软件后,其主窗口如图 5-1 所示,主窗口中各元素,与 Windows 环境下的其他软件类似,在此不再赘述。

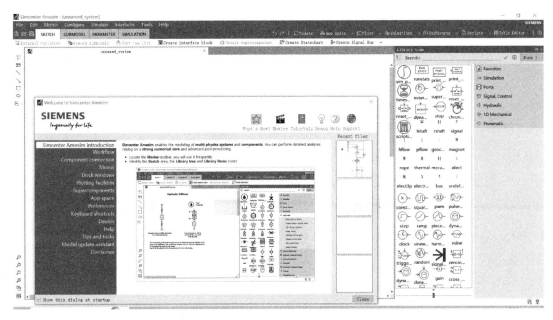

图 5-1 AMESim 软件主窗口

5.3.2.2 工具栏

工具栏是用户完成特定操作的快捷方式,用户应该熟练掌握工具栏的使用方法。AMESim 主窗口工具栏的具体描述如下:

1) 文件工具栏

文件工具栏如图 5-2 所示,其可完成如下工作:

New:启动系统,建立新的草图。

Open:打开一个已存在的文件,进行修改。

Save:保存文件。

Save as:把文件另存为。

Close:关闭文件。

Model management:模型管理栏。

Purge:清除。

Pack:打包文件。

Print:打印。

2) 编辑工具栏

编辑工具栏如图 5-3 所示,其能完成的主要工作如下:

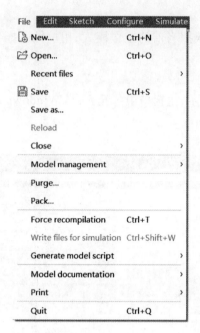

图 5-2　文件工具栏　　　　　　　　　　图 5-3　编辑工具栏

Undo：撤回上一步。

Redo：恢复到上一步。

Cut：剪切选择对象。

Copy：复制选择对象。

Paste：粘贴对象。

Delete：删除对象。

Insert：插入。

3) 操作模式工具栏

用户建立一个机电系统仿真模型的过程,实际上就是执行下面的流程：创建草图、为草图中的元件分配子模型、为子模型分配参数、仿真。用户要熟练掌握这四个过程,在不同的阶段,完成其对应的功能。这四个过程的切换主要是通过操作模式工具栏完成的。通常在没有完成上一个模式中的操作时,不要(系统也不允许)通过按钮切换到下一个工作模式。操作模式工具栏如图 5-4 所示。

图 5-4　操作模式工具栏

点击操作模式工具栏的四个不同按钮,可以切换到不同的工作模式。

SKETCH：草图模式。在该模式下可用库中的元件创建草图,草图即通常意义的仿真模型。

SUBMODEL：子模型模式。在该模式下可以为每个元件分配子模型。子模型是仿真系统的灵魂,子模型决定了仿真对象的全部特征,同一个元件可以对应多个子模型,子模型不同,元件的特性就不同。为元件选择子模型是一项技巧,用户在学习的过程中要注意总结归纳。同时,子模型的选择也反映了用户对系统的理解程度和实际工程经验息息相关。

PARAMETER:参数模式。在该模式下,既可以设置子模型的参数,也可以保存某个子模型的参数,然后应用在另一个子模型上。

SIMULATION:仿真模式。在该模式下,可以运行仿真并分析仿真结果。

4) 仿真工具栏

仿真工具栏如图 5 - 5 所示,其允许为系统仿真和分析结果设置选项,主要工作内容如下:

Run 运行。点击该按钮后,会出现开始仿真、运行参数、停止仿真三个选项,用户可根据自身需求选择对应的选项卡,实现相应功能。

Update 更新。将用户更改的数据重新更新获取到软件中,获取最新的仿真数据。

Linear analysis 线性分析。单击该按钮后,会激活一个新的工具栏设置频域分析过程。

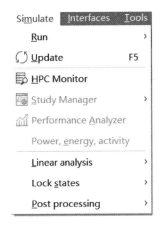

图 5 - 5　仿真工具栏

5.3.2.3　库

AMESim 软件可横跨多个领域进行系统仿真建模,得益于其功能强大、领域众多的标准库和扩展库。AMESim 软件标准库由三部分组成。

仿真库:包括用于分析运行状态、设置仿真参数、打印间隔、交互元件和三维模型的元件。

信号、控制库:包括系统所需的所有用于控制、测量和观测的元件,该库可用来构建系统模型的方块图。

机械库:用来仿真机械系统,包括执行和旋转运动元素。

AMESim 软件库扩展库众多,主要包括以下几类:

液压库:包括许多通用液压元件,适合进行基于元件性能参数的理想动态行为仿真。

液压元件设计库:包括任意机液系统的基本构造模块,模型图案直观易于理解。

液压阻尼库:创建大型液压网络,评价元件压力损失,修改系统设计。

气动库:包括元件级的模型,可用于大型网络建模和设计复杂气动元件的基本元素。

气动元件设计:包括任意机械-气动系统基本构造模块,模型图案直观易于理解。

热力学库:可用于固体间的热交换模态建模,研究固体在不同热源下的热辐射。

液压热力学库：用于建模流体的热力学现象，研究这些流体在不同热源和功率下的热辐射。

气动热力学库：用于建模气体内的热力学现象，研究这些流体在不同热源下气体的热辐射。

热力学液压元件设计库：用于研究系统内压力等级、流量分配、温度和流量的变化。

传动系库：用于建模动力传动系，或者完成手动、自动或专用齿轮箱的振动和损失效果。

5.3.2.4　AMESim 软件 4 种模式

使用 AMESim，用户可以搭建草图，修改元件的子模型，设置子模型的参数运行仿真。每一步都与 AMESim 的特定工作模式相对应，这 4 种工作模式为草图模式、子模型模式、参数模式和运行模式。

1）草图模式

草图模式是进行仿真的第一步。启动 AMESim 时，就进入草图模式，在草图模式中，用户可以：

创建一个新系统；

修改或完成一个已有的系统。

所有类库的元件都可用。

2）子模型模式

当搭建完成系统后，用户就可以进入子模型模式，给系统元件选择子模型。在子模型模式，用户可以：

给每一个元件选择子模型；

使用首选子模型按钮；

删除元件的子模型。

3）参数模式

在参数模式下，用户可以：

检查更换子模型参数；

复制子模型参数；

设置全局参数；

选择一个草图区域，显示出这一区域的通用参数；

指定批运行。

当进入参数模式时，AMESim 就编译系统，产生一个可执行文件，之后才可以进行仿真。通常运行之前，需要调整模型的参数。

4）运行模式

在运行模式下，用户可以：

初始化标准仿真运行和批仿真运行；

绘制结果图；

存储和装载所有或部分坐标图的配置；

启动当前系统的线性化；

完成线性化系统的各种分析；

完成活性指数分析。

经过上述模式,用户已经准备了草图,设置了子模型和参数,接下来就可以进行仿真了。

5.3.3　基于 AMESim 软件仿真实例

1) 创建新草图

要搭建一个系统,必须先创建一个新空模型,然后才能在计算机上设计草图。

双击打开 Simcenter AMESim 2020.1 版本软件,系统会自动生成一个空白草图,供用户使用,新创建的空系统界面如图 5-6 所示。

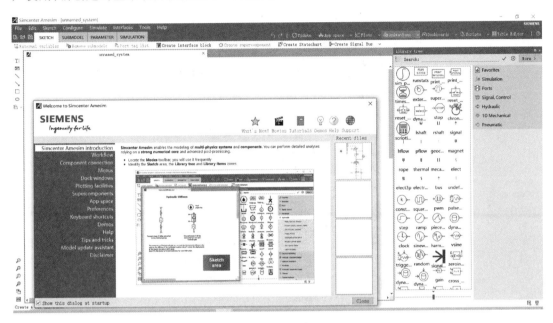

图 5-6　空系统界面

2) 打开或下载所需要用到的库

在软件左上角的菜单栏中,点击 Sketch→Category Path List→Libraries→Hydraulic Resistance,最后单击选中,点击 Load 进行下载。本次下载的为液压库,其他所需用到的库下载步骤相同,在此不做详细说明。液压库下载界面如图 5-7 所示。

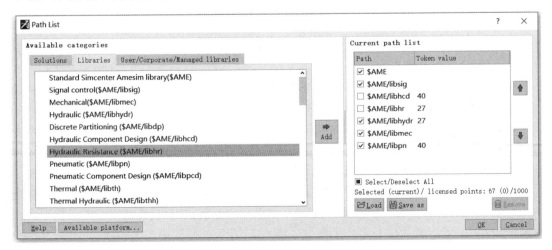

图 5-7　液压库下载界面

3) 搭建系统

在新下载或打开的液压元件库(图 5 - 8)中找到所需的各元件图标,拖至空白工作空间,可通过"旋转""镜像"方法及"拖动"并感应"端口",连接这些图标,如图 5 - 9 所示。

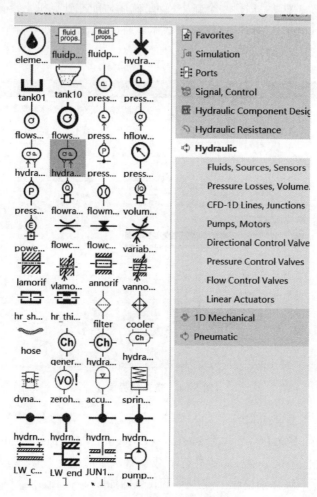

图 5 - 8　液压元件库

选择菜单中的"File"→"Save"命令,保存模型,输入文件名 11,如图 5 - 10 所示。

4) 给元件分配子模型

系统中每一个元件都必须与一个数学模型相关联,数学模型是数学方程的集合和一段计算机代码的可执行文件。

AMESim 的术语是把系统元件的数学模型描述为子模型,术语模型被保留为完整系统的数学模型,AMESim 包含一个大子模型集合,只要合适,子模型与元件是自动关联的。

点击操作模式工具栏中的 Submodel 按钮,显示屏如图 5 - 11 所示。

从图 5 - 11 中可以看出,三位四通的电磁换向阀比较正常,而其余元件的背景颜色都较深,这是因为只有三位四通的电磁换向阀有子模型与之关联,其他元件必须指定子模型。在 AMESim 内,一个元件可能有多个子模型与其关联,对于三位四通的电磁换向阀,只有一个子模型可用,所以被自动关联。其他元件,有多个子模型可供选择,可以手工匹配。作为选

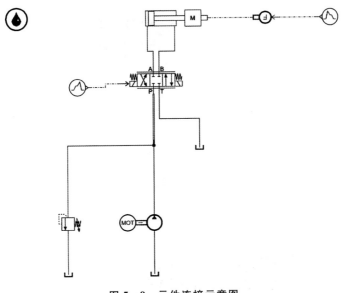

图 5 - 9　元件连接示意图

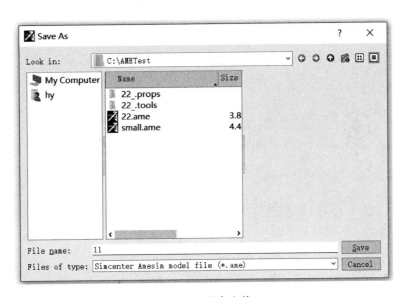

图 5 - 10　保存文件

配,可以让 AMESim 选择最简单的模型。具体操作如下:点击 Submodel→Premier sub model,完成其余子模型的指定,如图 5 - 12 所示,其余背景较为深色的元件变为正常,系统为其自动选配子模型。

5) 设置参数

这个步骤主要对液压元件赋予相关的属性,使其发挥相应的性能,是实现仿真准确性和真实性的关键步骤。参数的具体数值主要通过前期的计算选型,把计算所得的数据赋予到对应的液压元件上。具体操作为,单击要进行参数设置的液压元件,在右上方出现对应的参数设置列表,在对应的参数设置区进行相关参数的设置。以液压泵的参数设置为例,设置液压泵的排量为 10 ml/ r,具体参数设置窗口如图 5 - 13 所示。

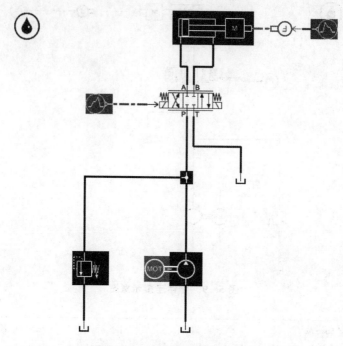

图 5 - 11 未指定子模型示意图

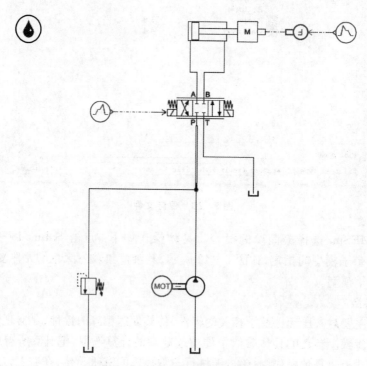

图 5 - 12 指定完子模型示意图

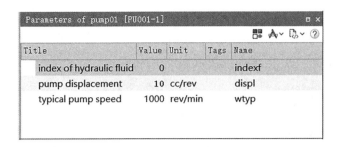

图 5 - 13　液压泵参数设置窗口

6) 运行仿真

点击操作运行模式工具栏中的 Simulation 按钮,进入运行模式。

点击仿真工具栏中的 Run Parameters 按钮,弹出运行参数对话框,仿真运行参数设置界面如图 5 - 14 所示。

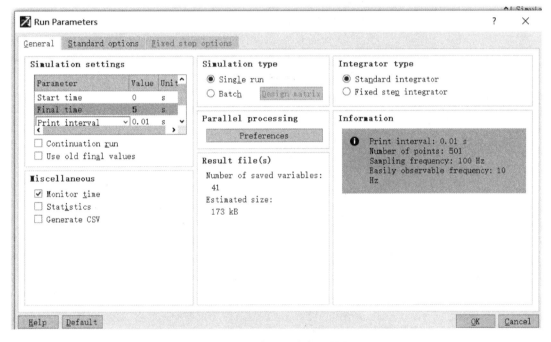

图 5 - 14　仿真运行参数设置界面

该对话框允许用户改变运行特性,显示窗由用户可改变的不同数值组成,还包括一组选项卡,默认值被设置为最常用的值。

可以把最终时间换成 5 s,通信间隔换成 0.01 s。双击最终时间值,输入 5;双击通信间隔值,输入 0.01;按 Enter 键,点击"OK"按钮后更改生效。

点击 Run Simulation 按钮,对所建立的液压模型进行仿真,仿真计算结束时,会弹出一个窗口,上面会出现多条信息,一般看最后一行信息,若打√,则说明仿真成功,反之,则失败。仿真运行成功界面图如图 5 - 15 所示。

7) 查看仿真结果

仿真成功后,可查看每个液压元件对应的仿真结果,结果通常可通过图像呈现。

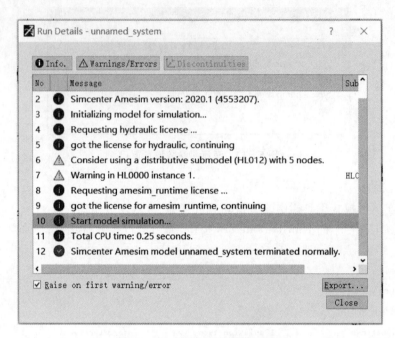

图 5 - 15　仿真运行成功界面图

（1）绘制元件变量图。双击液压泵，弹出变量列表对话框，如图 5 - 16 所示。

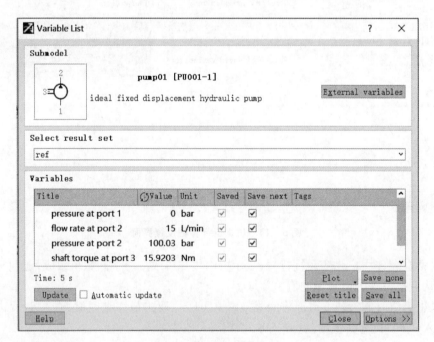

图 5 - 16　变量列表对话框

　　显示窗的主要部分是描述变量的标题、最终值和单位。选择"flow rate at port 2"，在草图上拖拉并释放它或点击"Plot"按钮，窗口显示液压泵流量曲线如图 5 - 17 所示。

　　点击溢流阀选择"flow rate at port 1"并拖动，在包含第一个图的窗口内拖拉并释放它，图表更新为如图 5 - 18 所示的两条曲线图标示意图。

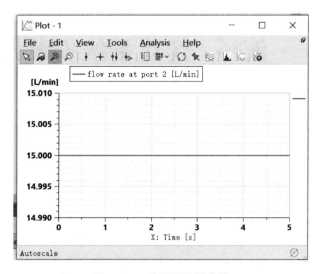

图 5 - 17　液压泵流量曲线

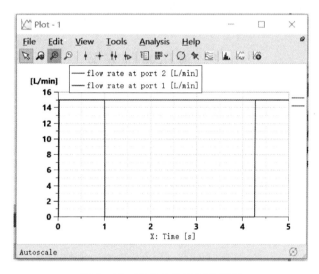

图 5 - 18　两条曲线图标示意图

（2）添加文本。选择菜单中的"Edit"→Add text 命令，可为图形添加文字。

8）关闭和退出 AMESim 软件

（1）存储和关闭系统。选择菜单中的"File"→"Save"命令，存储所建液压系统；选择菜单中的"File"→"Close"命令，关闭文件。

（2）退出 AMESim 软件。选择菜单中的"File"→"Quit"命令，退出 AMESim 软件。

第6章　液压/气动系统安装与调试

本章学习目标
（1）知识目标：识读液压/气动系统的基本组成。
（2）能力目标：能根据具体情况对液压/气动系统进行安装，对元件参数进行调试。

液压/气动系统主要由各种液压/气动元件、辅助元件等组成，各元件间通过管路、管接头、连接件等零部件按顺序有机连接起来，组成一个完整的液压/气动系统。液压/气动系统安装正确与否，直接影响到设备的工作性能与可靠性。

6.1　液压系统安装

6.1.1　搭建前准备工作与要求

（1）仔细分析液压系统工作原理图、电气系统原理图、液压元件清单及产品样本等技术资料。

（2）对需要安装的液压元件，特别是自制或经修改后的元件，需用煤油清洗干净并认真检查，必要时要进行密封和压力实验。

（3）对系统中所用仪器、仪表进行严格调试，确保其灵敏、准确、可靠。

（4）仔细检查所用油管，确保每根管路完好无损，并进行清洗、干燥、涂油，备用。

（5）保证安装场地清洁，并有足够空间，以便于清洗与装配。

6.1.2　液压系统安装注意事项

（1）安装时先对装入主机的液压元件和辅助元件进行严格清洗，去除有害于工作液的防锈剂和一切污染物；液压元件和管路各油路口所有的堵头、塑料塞子、管堵等，随安装进程逐步拆除，不可先行卸掉，以免污染物从油口进入元件内部。

（2）油箱内外表面、主机各配合表面及其他可见组成元件均需是清洁的。

（3）与工作液接触的元件外露部分（如活塞杆）应予以保护，以防污染物进入。

（4）油箱盖、管口和空气滤清器需充分密封，以避免未被过滤的空气进入液压系统。

（5）液压装置与工作机构连接在一起，才可完成预定动作，需注意两者间连接装配质量（同心度、同轴度、受力情况、固定方式及密封等）。

6.2　液压系统压力实验与调试

液压系统调试过程中,需采用科学、正确、合理的方式来确保液压系统的正常运行和充分发挥其性能。在进行调试之前,需要确保液压设备的安装和循环冲洗已经符合要求。

6.2.1　压力实验与调试前的检查

(1) 试机前,对裸露在外的液压元件及管路再进行一次擦洗,擦洗时用海绵,禁用棉纱等。

(2) 导轨、各加油口及其他滑动副加足润滑油。

(3) 检查液压泵旋向和液压缸、液压马达及液压泵进、出油管连接是否正确。

(4) 检查各液压元件、管路等连接是否正确可靠,安装错了的予以更正。

(5) 检查各手柄位置,确认"停止""后退"及卸荷等位置,各行程挡块紧固在合适位置。

(6) 旋松溢流阀手柄,适当拧紧安全阀手柄,将溢流阀调至最低工作压力,流量阀调至最小。

(7) 合上电源,点动液压泵电动机,检查电源是否接错,然后连续点动时机,延长启动过程,如在启动过程中压力急剧上升,需检查溢流阀失效原因,排除后继续点动电动机直至正常运转。

(8) 空转时密切注视过滤器前后压差变化,若压差增大,则应更换或冲洗滤芯。

(9) 空转时油温应在正常工作油温范围内。

(10) 空转油液污染度检验标准与管道冲洗检验标准相同。

6.2.2　压力实验

系统在空转合格后进行压力实验。

(1) 点动。先点动液压泵,观察液压泵转向是否正确,电源接反不仅无油液输出,还可能出事故。为安全起见,最初调试只能"点动"。

(2) 系统排气。启动液压泵后,将系统压力调至 1 MPa 左右,分别控制电磁阀换向,使油液分别循环至各支路,转动管道上设置的排气阀将管道中气体排出,直至油液连续溢出时关闭排气阀。

(3) 系统的实验压力。对于工作压力低于 16 MPa 的系统,实验压力为工作压力 1.5 倍;对于工作压力高于 16 MPa 的系统,实验压力为工作压力 1.25 倍。

(4) 实验压力逐级升高,每升高一级需稳压 2～3 min,达到实验压力后,维持压力 10 min,然后降至工作压力进行全面检查,以系统所有焊缝和连接口无泄漏、管道无永久变形为合格。

(5) 压力实验时,若有故障需要处理,则需先卸压;若有焊缝需要重焊,则需将管道拆卸下来并在除净油液后方可焊接。

(6) 压力实验期间,不得锤击管道,且在实验区 5 m 范围内不得同时进行明火作业。

(7) 压力实验应有实验规程,实验完毕后应填写《系统压力实验记录》。

6.2.3　系统调试

对于新研制的、经过大修或者操作者刚从外单位调来对其工作情况不了解的液压设备,均需对液压系统进行调试,以确保其工作安全可靠。

液压系统的调试和试车一般不能截然分开,往往是穿插交替进行,调试的内容有单向调整、空载调试和负载调试等。

6.2.3.1　单向调试

1) 压力调试

系统压力调试应从压力调定值最高的主溢流阀开始,逐次调整每个分支回路的各种压力阀,压力调定后,需将调整螺钉锁紧。

压力调定值及压力连锁的动作和信号,应与设计相符。

2) 流量调试

流量调试包括液压缸的速度调试和液压马达的转速调试。

(1) 液压缸的速度调试。

① 对带缓冲装置的液压缸,在调速过程中应同时调整缓冲装置,直至满足该缸所带机构的平稳性要求;如液压缸内缓冲装置不可调,则需将该液压缸拆下,在实验台上调试处理合格后再装机调试。

② 双缸同步回路调速时,先将两缸调整到相同的起步位置,再进行速度调整。

③ 伺服和比例控制系统在泵站调试和系统压力调整完毕后,宜先用模拟信号操纵伺服阀或比例阀试动执行机构,并应先点动后联动。

系统的速度调试应逐个回路进行,在调试一个回路时,其余回路处于关闭状态;单个回路开始调试时,电磁换向阀宜用手动操纵。

在系统调试过程中,所有元件和管道应不漏油且没有异常振动;所有连锁装置应准确、灵敏、可靠。

(2) 液压马达的转速调试。

① 液压马达在投入运转前,应和工作机构脱开。

② 在空载状态先点动,再从低速到高速逐步调试并注意空载排气,然后反向运转,同时应检查壳体温升和噪声是否正常。

③ 待空载运转正常后,再停机将液压马达与工作机构连接,再次启动液压马达并从低速至高速负载运转。如出现低速爬行现象,则检查各工作机构的润滑是否充分,系统排气是否彻底,或有无其他机械干扰。

速度调试完毕,再检查液压缸和液压马达的工作情况,要求在启动、换向及停止时平稳,在规定低速下运行时不得爬行,运行速度应符合设计要求。

速度调试应在正常工作压力和工作油温下进行。

6.2.3.2　空载调试

(1) 启动液压泵,检查泵在卸荷状态下的运转。

(2) 调整溢流阀,逐步提高压力使之达到规定的系统压力值。

(3) 调整流量阀,先逐步减小流量阀,检查执行元件是否可达到规定的最低速度及平稳性,然后按其工作要求的速度来调整。

(4) 调整自动工作循环和顺序动作,检查各动作的协调性和顺序动作的正确性。

(5) 液压系统的活塞、柱塞、滑块、工作台等移动件与装置,在规定的行程和速度范围内移动时,不应有振动、爬行和停滞等现象;换向和卸荷不得有不正常的冲击现象。

（6）在空载条件下，各工作部件按预定的工作循环或顺序连续运转 1～2 h 后，检查油温及系统所需要的各项精度，一切正常后方可进入负载调试。

6.2.3.3　负载调试

负载调试时，需逐步加载提速确认低速、轻载工作正常后，逐步将压力阀和流量阀调至规定值。

6.2.3.4　满载调试

按液压设备技术性能进行最大工作压力和最大（小）工作速度实验，检查功率、发热、噪声、振动、高速冲击和低速爬行等方面情况；检查各部分泄漏情况。

系统调试应有调试规程和详尽的调试记录。

6.2.4　液压实验数据采集与处理

随着我国高端装备制造业的发展，液压实验技术已从传统的稳态测试为主，只满足单一工作应力，发展到关注动态性能、多应力耦合特性及系统匹配性能，液压测试技术已发展到以计算机测控为主，且兼具数据处理分析功能。

液压系统关键部位可以加装一些检测部分，如压力表、功率表、流量计和温度计等，以此测量一些所需的实验数据。图 6 - 1 为液压实验数据采集系统示意图。

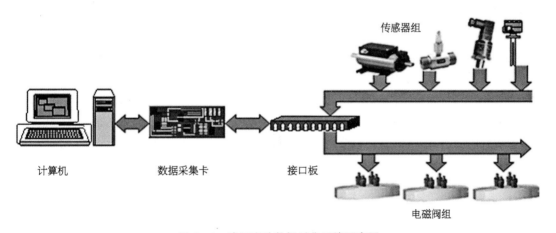

图 6 - 1　液压实验数据采集系统示意图

6.3　气动系统安装

气动系统安装是气动系统能否正常运行的重要环节。气动系统安装不合理，不仅会造成气动系统无法进行工作，严重时还会造成重大事故，需引起重视。

6.3.1　气动系统设计审查

气动系统在装配和调试前，应了解机电设备的功能和气动系统所起的作用及工作原理。首先要充分了解控制对象工艺要求，根据其要求对气动系统原理图进行逐个回路分析，然后确定管接头连接方式与方法。其间既要考虑安装时方便快捷，也要考虑在整体安装完成后，元件拆卸、更换和维修的方便性，同时，应考虑在达到同样工艺要求前提下，尽量减少管接头使用数量。

6.3.2　气动系统模拟安装

按气动系统原理图或接线图核对元件型号与规格,然后拆掉每个元件进、出口堵头,在认清各元件进、出口方向后,初装各元件接头,然后将各气动元件按图纸要求平铺在工作台上,再量出各元件间所需管子长度,长度选取要合理,要考虑到电磁阀接线插座拆装、接线和各元件日后更换的便捷性。

6.3.3　气动系统正式安装

依据模拟安装情况,拧下各元件上螺纹密封部分,缠上聚四氟乙烯密封带(生料带)或涂上密封胶(多数接头在出厂时已将密封胶固化在连接螺纹上),按照模拟安装时选好的管道长度,把各气动元件连接起来。

1) 气体管道的安装

(1) 接管时要注意管接头处的密封,气体管道采用机械切割,切口平齐,切口端面与气体管道轴线垂直度误差小于管外径的1%,且不大于3 mm,断面平面度小于1 mm,在进行PVC气体管道连接时,应采用专用管道剪刀切断。

(2) 安装前保证管道内无粉尘及异物等,气体系统管道安装后,应采用干燥的压缩空气进行吹扫,但各阀门、辅助元件不应吹扫,气缸的接口应进行封闭。吹扫后的清洁度可用白布检查,经5 min吹扫后,在白布上应不留铁锈、灰尘等异物。

(3) 气体管路不宜过长,但应注意气管走向美观性,并同时避免气管小半径弯曲和相互交叉盘绕;气动软管应有最小弯曲半径要求,可按厂家提供的样本选取,气动软管在与管接头连接处,应留有一直段距离。

(4) 在气体管路模拟连接时,气体管路长度应适当长些,当气动元件完全定位并完成调试后,再将气体管路长度减小,以使连接管美观和减小气体压力损失。

(5) 气体管路在连接好后,应使用管夹将气体管路固定,以避免在气动系统工作时因管内压强剧烈变化引起气体管路大幅度摆动。

2) 气缸的装配

气缸在使用时需要与一定机械结构进行连接装配。气缸安装方式有端面连接、铰链连接等,如图6-2所示,安装后的气缸应保证不产生运动卡阻现象,即伸缩气缸的移动和旋转气缸的转动应灵活,否则活塞与气缸内壁会因安装质量问题而产生附加力和严重磨损现象,降低气缸的使用寿命。

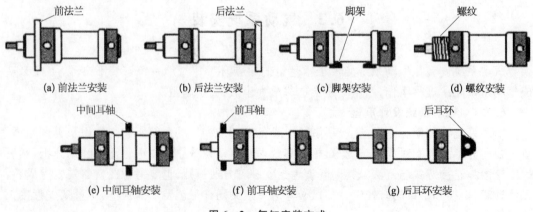

(a) 前法兰安装　　(b) 后法兰安装　　(c) 脚架安装　　(d) 螺纹安装

(e) 中间耳轴安装　　(f) 前耳轴安装　　(g) 后耳环安装

图6-2　气缸安装方式

3) 控制阀的安装

控制阀一般分为电磁换向阀、截止阀和机控阀等,电磁换向阀多采用两位五通阀和三位五通阀,其中两位五通阀应用更为普遍。电磁换向阀的安装分为单体安装和集成安装两种,其中集成安装方式是将多个电磁换向阀安装在一块汇流板上,便于集中调整和减小安装空间。单体安装可直接通过电磁换向阀的固定螺钉或采用专用安装板安装。

4) 单向节流阀的安装

(1) 单向节流阀的安装,一般采用排气节流工作方式,即气缸的进气不受限制,排气时因节流阀起作用而使流量变化,因此选择和安装单向节流阀时应注意安装的方向要求。

(2) 单向节流阀可安装在气缸或电磁阀上,前者可有效减小由于气缸换向而引起的振动,较为常用;后者有利于将多个气缸的单向节流阀集中布置,便于操作者对整体气动系统进行集中调试。

6.4　气动系统调试

气动系统调试一般包括调试前准备、气动元件调试、空载运行和负载试运行等步骤。

6.4.1　调试前准备

(1) 了解设备安装、使用说明书中关于设备工作原理、结构、性能及操作方法说明。

(2) 识读气动系统原理图,掌握气动系统工作原理,知道气动元件在设备上的实际位置,掌握气动元件操作及调整方法。

(3) 调试前应用洁净干燥的压缩空气对系统进行吹扫,吹扫气体压力宜为工作压力的60%～70%,吹扫时间不少于 15 min。

(4) 确认在压力实验情况下,管路接头、结合面和密封处等无漏气现象。

(5) 准备好操作工具(如螺丝刀等)。

6.4.2　气动元件调试

1) 气泵调试

调整气泵出气压力,一般调整至 0.7 MPa 左右,考虑到气体压力在传送过程中的沿程压力损失、气体压力的调整余量和工作压力的稳定性等因素,此调整压力值应高于实际使用时的气动系统工作压力(0.5～0.6 MPa)。

2) 气动三联件调试

依据实际工作需求,通过压力表所示数值,完成对气动系统工作压力的调整。调整时,对于清洁管道、阀体和转子等零部件,需检查连接件的连接是否牢固、密封是否有效,等等;安装时还需注意安装位置和方向。

3) 电磁换向阀调试

(1) 电磁换向阀上一般装有指示灯,灯亮则表示电磁阀已通电,此时其所控制的气缸应发生运动改变。

(2) 电磁换向阀上有可供调试用的手动调试旋钮,用一字螺丝刀按下该旋钮后电磁换向阀动作,气缸发生运动改变;如在按下同时,顺时针旋转此按钮则实现电磁换向阀的状态锁定,如需解锁,可逆时针旋转此旋钮(此锁定结构不是所有电磁阀都有)。

4）气缸调试

（1）气缸行程末端的缓冲一般通过气缸节流口进行调整，若顺时针旋转缓冲节流阀，则节流阀开口减小，气缸在行程末端时的排气阻力增加，运动速度下降，可实现气缸在极限位置的平稳停止；若逆时针旋转缓冲节流阀，则节流阀开口增大，气缸在行程末端时运动速度加快。

（2）气缸的起始和终止位置调整，通过调整安装在气缸上的行程开关位置或限制气缸行程的挡铁位置等方法实现。

5）单向节流阀调试

单向节流阀一般安装在气缸或电磁换向阀上，顺时针旋转单向节流阀的节流调整螺钉，节流阀开口减小，调整完成后应立即锁紧螺母，在排气节流方式下，节流口减小使气缸的排气阻力增加，气缸向该节流口方向的移动速度减小；相反，若逆时针旋转单向节流阀的节流调整螺钉，则气缸此方向运动速度增加。

6.4.3　空载运行

气动系统的空载运行一般不少于 2 h，其间注意观察压力、流量和温度等的变化，如发现异常应立即停车检查，等故障排除后才能继续运转。

6.4.4　负载试运行

负载运转应分段加载，运转一般不少于 4 h，分别测出有关数据，记入运转记录。

6.5　教学实验台介绍

目前我国液压与气压传动教学实验台一般采用快速接插式高压软管的油路连接方式，综合运用液压／气动技术、PLC 控制技术、传感器测量技术等多学科技术，保证实验台的多功能性和多学科技术交叉融合。实验台可采用开放、灵活的结构形式，达到培养和提高学生动手能力、设计能力、综合运用能力及创新实践能力的目的，起到对设计进行验证及综合运用的实践环节的作用。下面选取两家有代表性企业的液压和气动实验台，依据各自不同特点，对实验台的结构及基本操作简单介绍。

6.5.1　某科教设备有限公司实验台

某科教设备有限公司是一家专业生产液压类、气动类综合实验台、数控机床及编程系统为主的教学仪器设备企业，其生产的 TC－GY01、TC－GY02、TC－GY03 等系列产品在很多理工科院校液压类实践课程中使用。TC－GY01 型液压传动与 PLC 综合实验台是其典型液压实验台；TC－GY02 型智能化液压传动综合测控系统和 TC－GY03 型电液比例伺服系统随意快插组合式液压传动实验装置，是根据现代教学特点和最新的液压传动课程教学大纲要求而设计的。其采用最先进的液压元件和新颖的模块设计，构成插接方便的系统组合。满足了高等院校、中等专业院校及职业技工学校的学生对进行液压传动课程的实验教学要求。可以培养和提高学生的设计能力、动手能力和综合运用能力，起到了加强设计性实验及其综合运用的实践环节的作用。

本节重点介绍 TC－GY04A 型伺服比例液压传动综合实验台。

该实验台集可编程控制器、液压元件模块、数据采集卡及计算机等于一体，除可进行常规的液压基本控制回路、阀/泵性能测试实验外,还可进行比较复杂的液压组合回路验证实验、电液比例/伺服控制回路实验;实验台可采用 PLC 控制和继电器两种控制方式,可随意切换,实验台综合性较强。TC - GY04A 型伺服比例液压传动综合实验台如图 6 - 3 所示。该实验台包括液压泵站、常用液压元件、电气测控单元、数据采集系统等几部分,实验工作台由实验安装面板(铝合金型材)、实验操作台等构成。安装面板为带 T 形沟槽形式的铝合金型材结构,可以方便、随意地安装液压元件,搭接实验回路。

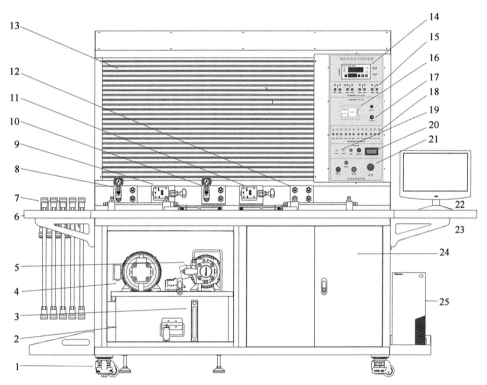

1—万向轮;2—油箱;3—油温油面计;4—定量泵-电机组合;5—变量泵-电机组合;6—油管支架;
7—油管;8—定量泵输出油路;9—定量泵用溢流安全阀;10—变量泵输出油路;
11—变量泵用溢流安全阀;12—系统回油油路块;13—铝合金型材;14—流量、转速显示表;
15—PLC 输出插座及按钮;16—PLC 主单元;17—PLC 电源开关;18—PLC 输入插座及按钮;
19—行程开关;20—时间显示区;21—油泵电机控制按钮区;22—显示器;23—电脑支架;
24—液压元件柜;25—电脑主机

图 6 - 3　TC - GY04A 型伺服比例液压传动综合实验台

　　辅助平台结构由冷轧钢板表面静电喷塑而成,台面带有 T 形槽型材,方便实验时液压回路的搭接。平台内包括两部分结构,一半装有 T 形槽铝合金面板(实验完毕,方便液压元件的摆放);另一半为油管支架,底部带有钢制滤油网孔板。辅助平台底部有四个万向脚轮,便于摆放。

　　1) 实验台特点

　　(1) 柜体采用 SPCC 冷轧板焊成,坚固美观,表面采用中温磷化防锈漆、平光漆,静电喷涂。模块化结构设计,配有安装的底板,实验时可以随意在通用铝合金型材板上,组装回路操作简单方便。

　　(2) 具有很强的扩展性能:因采用模块化设计,元器件模块功能独立,扩展、升级更方便。

(3) 该系统全部采用标准的工业液压元件,使用安全可靠,贴近实际。

(4) 快速而可靠的工业快换接头插拔式连接方式(每个接头都配有带自锁结构的单向阀,即使实验过程中接头未接好而脱落,亦不会有压力油喷出,保证实验安全),并带有安全锁功能防止实验过程中接头脱节,特殊的密封接口,保证实验组装方便、快捷,拆接不漏油,清洁干净。

(5) 智能化实验数据采集处理方式。可以对液压回路进行压力、流量、位移、功率及温度等现场仪表测试和分析,通过相应接口和测试软件,可以将液压测试数据在计算机上进行分析。

(6) 可编程序控制器 PLC(用户自选品牌:西门子、三菱、欧姆龙等)控制单元进行电气控制,技术先进,完全与工业现场零距离,控制方式可软件编程。电气控制,机电液一体化控制实验形式。

(7) 电气回路采用安全导线,DC24V 安全电压;并带有电流型漏电保护装置。

(8) 配有电气液传动回路模拟仿真教学软件。可以在计算机上进行液压回路、电气液压回路等的设计和仿真运行,帮助学生实验的准备或自学。

(9) 电机—泵一体,运行稳定,噪声低。

(10) 位移显示控制:实时显示液压缸运行时间,精确度要达到 0.01 s。

2) 实验台可完成实验

(1) 常用液压元件(包括各类泵、阀、基本回路等)的性能测试实验。

(2) 学生自行设计、组装的扩展液压回路实验。

(3) 可编程控制器(PLC)电气控制实验,机、电、液一体化控制实验等。

6.5.2　某 QCS 系列实验台

QCS 系列液压教学实验台是由某集团从 20 世纪 80 年代开始研发、制造,有近 30 年的发展史和技术积累,QCS030 气动实验台根据《液压气动传动》、《气动控制技术》等通用教材设计而成,集可编程控制器和各种真实的气动元件、各执行模块于一体,除可进行常规的气动基本控制回路实验外,还可以进行模拟气动控制技术应用实验、气动技术课程设计。采用PLC 控制方式,可从学习简单的 PLC 指导编程、梯形图编程,深入到 PLC 控制的应用,可使计算机通信、在线调试等实验功能,与气动技术和电气控制 PLC 技术完美结合,适用于电工、机电一体化等专业实训考核。

实验台由三部分组成:电气控制部分、实验工作板和桌子。上部由 PLC,继电器等电气模块构成,各个模块可以自由放置,非常方便教学;中部由带有梯形槽的铝型材板作为工作平台,师生可以在上面任意设计和搭建各种气动回路;下部左右各安装四个抽屉,抽屉内固定了标准模板,用于存放各种实验元件。QCS030 气动实验台如图 6-4 所示。

1) 性能与特点

(1) 实验台采用立式单面设计,电气控制配置了 PLC 和手编码器。

(2) 实验台具有计算机通信接口,可与 PLC 相连控制。

(3) 模块化结构设计搭建实验简单、方便,各个气动元件成独立模块,配有方便安装的底板,实验时可以随意在通用铝合金型材板上组装各种实验回路,操作简单、方便。

(4) 快速可靠的连接接头,安装连接简便、省时。

图 6 - 4　QCS030 气动实验台

　·(5) 标准工业用元器件,性能可靠、安全。

　(6) 气源采用无油静音空气压缩机提供,具有噪声低(65 dB)的特点,气体无油无味,清洁干燥。

　(7) 实验台底部配有四个脚轮,可以方便移动。

　2) 技术参数

　(1) 工作电源:AC220 V±5%、50 Hz。

　(2) 外形尺寸:1 600(长)×750(宽)×1 700(高)(单位:mm)。

　(3) 整机容量:≤1 kVA。

　(4) PLC 型号:FX1N - 24MR。

　(5) 凹槽间隔:25 mm。

　(6) 桌子(4 抽屉):1 个。

　(7) 铝型材板:1 个。

　(8) 脚轮:4 个。

　(9) 空气压缩机:电压 AC220 V/50 Hz;功率 360 W;电流 1.8 A;排气量 30～40 L/min;最大压力 0.8 MPa;噪声 50 dB;储气缸容量 10 L。

　3) 实验台可完成实验

　(1) 常见的各类气动回路实验。

　(2) PLC 控制实验。

　(3) 学生自行组装、设计扩展回路实验等。

第7章 液压与气压传动设计实例

> **本章学习目标**
> (1) 知识目标：回顾并熟悉液压与气压传动设计过程。
> (2) 能力目标：能根据具体情况，对液压与气压传动系统进行设计。

7.1 组合机床液压系统设计实例

组合机床是在机床通用构件基础上加入制作指定形状和加工工艺设计的专用部件和夹具而组成的专用机床，其效率高、产品质量好，应用广泛。液压技术是组合机床中的一项重要技术，其通过液压增强机床工作时的作用力，让机床工作效率和质量均有进一步提升。

7.1.1 组合机床设计要求

设计一台卧式单面多轴钻孔组合机床液压系统。要求完成工件的定位与夹紧，所需夹紧力不得超过 6 000 N。该系统工作循环为：快进—工进—快退—停止。机床快进快退速度约为 6 m/min，工进速度可在 30~120 mm/min 范围内无级调速，快进行程为 $l_1 = 200$ mm，工进行程为 $l_2 = 50$ mm，最大切削力为 $F_t = 25$ kN，运动部件总重量为 $G = 15$ kN，加速（减速）时间为 $\Delta t = 0.1$ s，采用平导轨，静摩擦系数为 $f_s = 0.2$，动摩擦系数为 $f_d = 0.1$。

7.1.2 组合机床液压系统工况分析

7.1.2.1 负载分析

负载分析中，暂不考虑回油腔的背压力，液压缸的密封装置产生的摩擦阻力在机械效率中加以考虑。因工作部件是卧式放置，重力的水平分力为零，这样需要考虑的力有切削力、导轨摩擦力和惯性力。

对液压系统进行工况分析，本设计只考虑组合机床动力滑台所受到的工作负载、惯性负载和机械摩擦阻力负载，其他负载可忽略。

1）工作负载

工作负载是指在工作过程中由于机器特定的工作情况而产生的负载。对于金属切削机床液压系统来说，沿液压缸轴线方向的切削力即为工作负载，即最大工作负载为 $F_w = F_t = 25\,000$ N。

2）机械摩擦阻力负载

由设计要求可知，系统的机械摩擦阻力负载主要是指工作台的机械摩擦力，分为静摩擦阻力和动摩擦阻力两部分。导轨的正压力 F_N 等于动力部件的重力 G，设导轨的静摩擦力为 F_{fs}、动摩擦力为 F_{fd}，则有

$$F_{fs} = f_s F_N = f_s G = 0.2 \times 15\,000\ \text{N} = 3\,000\ \text{N}$$

$$F_{fd} = f_d F_N = f_d G = 0.1 \times 15\,000\ \text{N} = 1\,500\ \text{N}$$

3) 惯性负载

最大惯性负载取决于移动部件的质量和最大加速度,其中最大加速度可通过工作台最大移动速度和加速时间进行计算。已知加速(减速)时间为 0.1 s,工作台最大移动速度即快进、快退速度为 6 m/min,因此惯性负载可表示为

$$F_m = m\frac{\Delta v}{\Delta t} = \frac{G}{g}\frac{\Delta v}{\Delta t} = \frac{15 \times 10^3}{9.8} \times \frac{6}{60 \times 0.1}\ \text{N} \approx 1\,531\ \text{N}$$

若忽略切削力引起的颠覆力矩对导轨摩擦力的影响,并设液压缸的机械效率 $\eta_m = 0.95$,根据上述负载力计算结果,可得出液压缸在各个工作阶段的负载,见表 7-1。循环中各阶段的负载循环图如图 7-1 所示。

表 7-1　卧式单面多轴钻孔组合机床液压系统负载

工作阶段	计算公式	外负载/N
启动	$F = F_{fs}/\eta_m$	3 158
加速	$F = (F_{fd}+F_m)/\eta_m$	3 191
快进	$F = F_{fd}/\eta_m$	1 579
工进	$F = (F_t+F_{fd})/\eta_m$	27 895
启动(反向)	$F = F_{fs}/\eta_m$	3 158
加速	$F = (F_{fd}+F_m)/\eta_m$	3 191
快退	$F = F_{fd}/\eta_m$	1 579
定位夹紧	$F = F_{夹}/\eta_m$	6 316

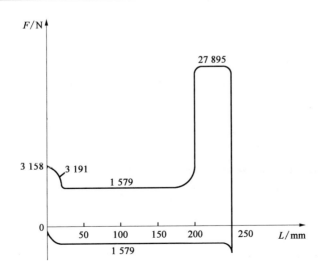

图 7-1　组合机床液压系统负载循环图

7.1.2.2　运动分析

依据给定条件,快进行程 200 mm,速度 6 m/min(100 mm/s);工进行程 50 mm,速度可在 30~120 mm/min(0.5~2 mm/s)范围内无级调速;快退速度 6 m/min(100 mm/s),由此可得到卧式单面多轴钻孔组合机床液压系统速度循环图如图 7-2 所示。

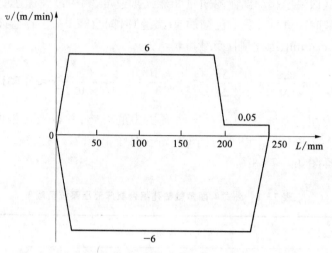

图 7-2　卧式单面多轴钻孔组合机床液压系统速度循环图

7.1.3　组合机床液压系统原理

根据组合机床液压系统设计任务和工况分析,所设计机床对调速范围、低速稳定性有一定的要求,因此速度控制是该机床要解决的主要问题,速度换接、稳定性和调节是该机床液压系统设计的核心。此外,与所有液压系统的设计要求一样,该组合机床液压系统应尽可能结构简单、成本低、节约能源、工作可靠。

1) 供油方式的选择

由于该机床工作进给时负载较大、速度较低;快进、快退时负载较小,速度较高,从节省能量、绿色设计角度考虑,泵源系统可选用双泵供油或变量泵供油,现选用双作用叶片泵双联泵供油。

2) 执行元件的选择

因系统运动循环要求正向快进和工进,反向快退,且快进、快退速度相等,因此工作缸选用单活塞杆液压缸,快进时差动连接,无杆腔面积 A_1 等于有杆腔面积 A_2 的 2 倍。定位缸和夹紧缸选用单缸活塞缸。

3) 调速方式的选择

在中小型专用机床液压系统中,进给速度的控制一般采用节流阀或调速阀,依据组合机床工作时对低速性能和速度负载特性都有一定要求的特点,采用节流调速回路,其具有效率高、发热低的特点,为防止钻孔钻通时滑台突然失去负载向前冲,在回油路上设置背压阀,初定背压值 0.8 MPa。

4) 快速运动回路和速度换接回路的选择

根据对机床运动要求,采用差动连接与双泵供油两种快速运动回路来实现快速运动,即快进时,由大小泵同时供油,液压缸实现差动连接;速度换接回路采用两位两通电磁阀实现由快进转为工进。与采用行程阀相比,采用电磁阀控制管路简单,行程方便调整,另外采用液控顺序阀与单向阀来切断差动油路。若要提高系统换接平稳性,则可改用行程阀切换的速度换接回路。

　　5) 定位、夹紧回路的选择

　　用两位四通电磁阀控制定位缸、夹紧缸的夹紧与松开,为避免工作时突然失电而松开,采用失电夹紧,考虑到夹紧时间可调节和进油路压力瞬时下降时仍可保持夹紧力,接入节流阀调速、单向阀保压;同时设有减压阀调整夹紧力的大小和保持夹紧力的稳定。

　　把所选择的各部分回路组合起来,得到如图 7-3 所示组合机床液压系统原理示意图。电磁铁动作顺序见表 7-2。

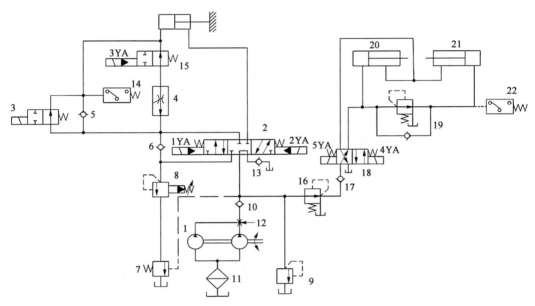

1—双联叶片泵;2—三位五通电液换向阀;3—行程阀;4—调速阀;5、6、10、13、17—单向阀;7—液控顺序阀;
8—背压阀;9—溢流阀;11—滤油器;12—压力表开关;14、22—压力继电器;15—顺序阀;16—减压阀;
18—带定位装置的两位三通电磁换向阀;19—单向顺序阀;20—定位液压缸;21—夹紧液压缸

图 7-3　组合机床液压系统原理示意图

表 7-2　电磁铁动作顺序

工　况	1YA	2YA	3YA	4YA	5YA	行程阀	压力继电器 14	压力继电器 22
快进	−	+	−	−	−	−	−	+
工进	−	+	−	−	−	+	−	−
死挡铁停留	−	+	+	−	−	+	−	−
快退	+	−	−	−	−	+	+	−
原位停止	−	−	−	−	−	−	−	−
工件夹紧	−	−	−	+	−	−	−	−
工件松夹	−	−	−	−	+	−	−	+

注:"＋"表示电磁铁得电;"−"表示电磁铁失电。

7.1.4　液压系统计算与液压元件选择

1）液压缸工作压力的确定

组合机床工作压力可依据负载大小及机器类型初步确定，现参考表 7-1 初定液压缸工作压力 $p_1 = 3.5$ MPa，所需夹紧力不得超过 6 000 N，夹紧缸工作压力 $p_夹 = 1.5$ MPa。

2）液压缸主要结构尺寸计算

由设计要求可知工进速度与快速运动速度差别较大，且要求动力滑台的快进、快退速度相等，从降低总流量需求考虑，现采用活塞杆固定的单杆双作用液压缸。快进时采用差动连接方式，通常利用差动液压缸活塞杆较粗、可以在活塞杆中设置通油孔的有利条件，把液压缸设计成无杆腔工作面积 A_1 是有杆腔工作面积 A_2 两倍的形式，即 $A_1 = 2A_2$，活塞杆直径 d 与缸筒直径 D 呈 $d = 0.707D$ 的关系。

工进过程中，当孔被钻通时，由于负载突然消失，液压缸有可能会发生前冲的现象，因此液压缸的回油腔应设置一定的背压（即通过设置背压阀的方式），选取此背压值为 $p_2 = 0.8$MPa。

快进时液压缸虽然进行差动连接（即有杆腔与无杆腔均与液压泵的来油连接），但是连接管路中不可避免地存在着压降 Δp，且有杆腔的压力必须大于无杆腔，计算时取 $\Delta p = 0.5$ MPa。快退时回油腔中也是有背压的，这时选取背压值 $p = 0.6$ MPa，夹紧液压缸回油背压取为 $p_3 = 0$ MPa。

最大负载为工进阶段负载 $F = 27\ 895$ N，依此计算无杆腔面积 A_1，由工进时推力公式

$$F / \eta_m = A_1 p_1 - A_2 p_2 = A_1 p_1 - (A_1 / 2) p_2$$

根据已知参数代入，求得液压缸无杆腔的有效作用面积为

$$A_1 = \frac{F / \eta_m}{P_1 - P_2 / 2} = \frac{27\ 895 / 0.95}{3.5 - 0.8 / 2}\ \text{mm}^2 \approx 9\ 472\ \text{mm}^2$$

液压缸缸筒直径为

$$D = \sqrt{4A_1 / \pi} \approx 109.85\ \text{mm}$$

夹紧液压缸无杆腔的有效作用面积为

$$A_{1夹} = \frac{F / \eta_m}{p_夹 - p_2 / 2} = \frac{6\ 316 / 0.95}{1.5 - 0 / 2}\ \text{mm}^2 \approx 4\ 432\ \text{mm}^2$$

夹紧液压缸缸筒直径为

$$D_夹 = \sqrt{4A_{1夹} / \pi} \approx 75.14\ \text{mm}$$

由于差动液压缸缸筒和活塞杆直径之间的关系为 $d = 0.707D$，因此动力滑台活塞杆直径为

$$d = 0.707 \times 109.85\ \text{mm} \approx 77.66\ \text{mm}$$

夹紧缸活塞杆直径为

$$d_夹 = 0.707 \times 75.14\ \text{mm} \approx 53.12\ \text{mm}$$

根据 GB/T 2348—2018 对液压缸缸筒内径尺寸和液压缸活塞杆外径尺寸的规定,圆整后取液压缸缸筒直径为

$$D = 110 \text{ mm}, \ D_{夹} = 80 \text{ mm}$$

活塞杆直径为

$$d = 80 \text{ mm}, \ d_{夹} = 54 \text{ mm}$$

此时液压缸两腔的实际有效面积分别为

$$A_1 = \frac{\pi D^2}{4} = \frac{\pi}{4} \times 110^2 \text{ mm}^2 \approx 9\,499 \text{ mm}^2$$

$$A_2 = \frac{\pi(D^2 - d^2)}{4} = \frac{\pi}{4} \times (110^2 - 80^2) \text{ mm}^2 \approx 4\,475 \text{ mm}^2$$

$$A_{1夹} = \frac{\pi D_{夹}^2}{4} = \frac{\pi}{4} \times 80^2 \text{ mm}^2 \approx 5\,030 \text{ mm}^2$$

$$A_{2夹} = \frac{\pi(D_{夹}^2 - d_{夹}^2)}{4} = \frac{\pi}{4} \times (80^2 - 54^2) \text{ mm}^2 \approx 2\,735 \text{ mm}^2$$

按最低工进速度验算液压缸尺寸,查产品样本,调速阀最小稳定流量 $q_{min} = 0.05$ L/min,设计要求最低工进速度 $v_{min} = 30$ mm/min,则有

$$A_1 \geqslant \frac{q_{min}}{v_{min}} = \frac{0.05 \times 10^6}{30} \text{ mm}^2 = 1\,667 \text{ mm}^2$$

经验算,$A_1 \approx 9\,499 \text{ mm}^2 \geqslant 1\,667 \text{ mm}^2$,满足最低速度要求。

3) 液压缸各工作阶段的工作压力、流量和功率计算

前节假设快进、快退时回油腔压力 $p = 0.5$ MPa,工进回油腔背压 $p_2 = 0.8$ MPa。

(1) 快进阶段。

进油腔压力

$$p_{快} = \frac{F + \Delta p A_2}{A_1 - A_2} = \frac{1\,579 + 0.5 \times 10^6 \times 4\,475 \times 10^{-4}}{(9\,499 - 4\,475) \times 10^{-4}} \text{ Pa} \approx 0.45 \text{ MPa}$$

所需流量

$$q_{快} = v(A_1 - A_2) = 6 \times (9\,499 - 4\,475) \times 10^{-6} \text{ m}^3/\text{min} \approx 30.144 \text{ L/min}$$

所需输入功率

$$P_{快} = p_{快} q_{快} = 0.45 \times 10^6 \times 0.301\,44/60 \text{ W} \approx 2.26 \text{ kW}$$

(2) 工进阶段。

进油腔压力

$$p_{工} = \frac{F + p_2 A_2}{A_1} = \frac{27\,895 + 0.8 \times 10^6 \times 4\,475 \times 10^{-4}}{9\,499 \times 10^{-4}} \text{ Pa} \approx 0.41 \text{ MPa}$$

所需流量

$$q_\text{工} = vA_1 = (0.03 \sim 0.12) \times 9\,499 \times 10^{-6}\ \text{m}^3/\text{min} = (0.29 \sim 1.14)\ \text{L}/\text{min}$$

所需输入功率

$$P_\text{工} = p_\text{工}q_\text{工} = 0.41 \times 10^6 \times (0.000\,29 \sim 0.001\,14)/60\ \text{W} = (1.98 \sim 7.79)\ \text{kW}$$

（3）快退阶段。

进油腔压力

$$p_\text{快退} = \frac{F + \Delta p A_1}{A_2} = \frac{1\,579 + 0.5 \times 10^6 \times 9\,499 \times 10^{-4}}{4\,475 \times 10^{-4}}\ \text{Pa} \approx 1.07\ \text{MPa}$$

所需流量

$$q_\text{快退} = vA_2 = 6 \times 4\,475 \times 10^{-6}\ \text{m}^3/\text{min} = 26.85\ \text{L}/\text{min}$$

所需输入功率

$$P_\text{快退} = p_\text{快退}q_\text{快退} = 1.07 \times 10^6 \times 0.268\,5/60\ \text{W} \approx 4.79\ \text{kW}$$

组合机床各阶段计算参数见表 7-3。

表 7-3　组合机床各阶段参数

工 作 循 环	负载 F/N	进油压力 P_j/Pa	回油压力 P_b/Pa	所需流量/(L/min)	输入功率 P/kW
差动快进	1 579	0.45×10^6	0.5×10^6	30.144	2.26
工进	27 895	0.41×10^6	0.5×10^6	$0.29 \sim 1.14$	$1.98 \sim 7.79$
快退	1 579	1.07×10^6	0.6×10^6	26.85	4.79
松开	—	—	—	—	—

依据以上数据，可绘制如图 7-4c 所示液压缸功率循环图。

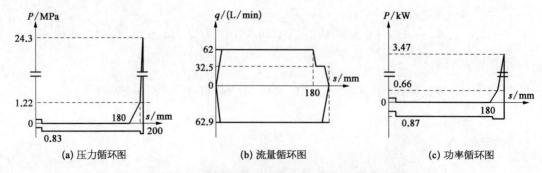

(a) 压力循环图　　　(b) 流量循环图　　　(c) 功率循环图

图 7-4　组合机床液压系统压力-流量-功率循环图

7.1.5　组合机床液压元件计算和选择

1) 液压缸的计算

液压缸的活塞直径 D、活塞杆直径 d 前面已经计算,此处略去。

2) 液压泵和电动机的选择

(1) 选择液压泵。在本设计中采用双泵供油方式,根据液压系统的工况图,大流量液压泵只需在快进和快退阶段向液压缸供油,因此大流量泵工作压力较低。小流量液压泵在快速运动和工进时都向液压缸供油,而液压缸在工进时工作压力最大,因此对大流量液压泵和小流量液压泵的工作压力分别进行计算。

根据液压泵的最大工作压力计算方法,液压泵的最大工作压力可表示为液压缸最大工作压力与液压泵到液压缸之间压力损失之和。

对于调速阀进口节流调速回路,选取进油路上的总压力损失 $\sum \Delta p = 0.8 \text{ MPa}$,同时考虑到压力继电器的可靠动作要求压力继电器动作压力与最大工作压力的压差为 0.5 MPa,则小流量泵的最高工作压力可估算为

$$p_{\text{p}} = p_1 + \sum \Delta p + 0.5 \times 10^6 \text{ Pa} = (3 + 0.8 + 0.5) \times 10^6 \text{ Pa} = 4.3 \times 10^6 \text{ Pa}$$

大流量泵只在快进和快退时向液压缸供油,快退时液压缸中的工作压力比快进时大,若取进油路上的压力损失为 0.5 MPa,则大流量泵的最高工作压力为

$$p_{\text{p}} = p + 0.5 \times 10^6 \text{ Pa} = (1.86 + 0.5) \times 10^6 \text{ Pa} = 2.36 \times 10^6 \text{ Pa}$$

在整个工作循环过程中,液压油源应向液压缸提供的最大流量出现在快进工作阶段,为 30.144 L/min,若整个回路中总的泄漏量按液压缸输入流量的 10% 计算,则液压油源所需提供的总流量为

$$q_{\text{p}} = 1.1 \times 30.144 \text{ L/min} \approx 33.16 \text{ L/min}$$

工作进给时,液压缸所需流量为 0.29~1.14 L/min,但由于要考虑溢流阀的最小稳定溢流量 3 L/min,故小流量泵的供油量最少应为 3.29 L/min。

依据最大压力和最大流量,选取型号为 PV2R12 - 8/32 型双联叶片泵,其中小泵的排量为 8 ml/r,大泵的排量为 33 ml/r。

PV2R12 - 8/32 型双联叶片泵,其额定压力为 32 MPa,额定流量为 63 L/min,额定压力满足 25%~60% 的压力储备;额定流量比液压缸所需流量略有减少,所以快速退回行程的速度略有下降。

(2) 选择电动机。若取液压泵的容积效率 $\eta_V = 0.9$,则当泵的转速为 960 r/min 时,液压泵的实际输出流量为

$$q_{\text{p}} = [(8 + 32) \times 960 \times 0.9 / 1\,000] \text{ L/min} = 34.56 \text{ L/min}$$

由于液压缸在快退时输入功率最大,这时液压泵工作压力为 1.07 MPa、流量为 26.85 r/min。若取泵的总效率 $\eta_p = 0.75$,则液压泵驱动电动机所需的功率为

$$P = p_{\text{p}}q_{\text{p}} / \eta_p = (1.67 \times 10^6 \times 26.85 \times 10^{-3}) / (60 \times 0.75) \text{ W} \approx 996.4 \text{ W}$$

根据上述功率计算数据,此系统选取 Y100L - 6 型电动机,其额定功率 $P = 1.5 \text{ kW}$,额

定转速为 960 r/min。

（3）选择液压控制阀。依据在系统中各阀的最大工作压力和最大流量选择相应的控制阀,最终选择的控制阀见表 7-4。

表 7-4　组合机床液压系统选用液压元件

序号	元 件 名 称	型 号	规 格	数量
1	双联叶片泵	PV2R12-8/33		1
2	三位五通电液换向阀	35DYF3Y-E10B	32 MPa,50 L/min,通径 20 mm	1
3	行程阀	AXQF-E10B	32 MPa,60 L/min,通径 20 mm	1
4	调速阀	AXQF-E10B	32 MPa,<1 L/min,通径 20 mm	1
5	单向阀	AF3-Ea10B	1~3 MPa,60 L/min,通径 32 mm	1
6	单向阀	AF3-Ea10B	60 L/min	1
7	液控顺序阀	XF3-E10B	36 L/min	1
8	背压阀	YF3-E10B	0.3 L/min	1
9	溢流阀	YF3-E10B	36 L/min	1
10	单向阀	AF3-Ea10B	40 L/min	1
11	滤油器	XU-63×100	42 L/min	1
12	压力表开关	KF3-E3B	—	1
13	单向阀	AF3-Ea10B	40 L/min	1
14	压力继电器	DP1-63(B)	—	1
15	顺序阀	XF3-E10B	42 L/min	1
16	减压阀	JF3-C10B	40 L/min	1
17	单向阀	AF3-Ea10B	60 L/min	1
18	带定位装置的两位三通电磁换向阀	23BY	50 L/min	1
19	单向顺序阀	AXF3-C10E	40 L/min	1
20	定位液压缸			1
21	夹紧液压缸			1
22	压力继电器	DP2-63(B)	—	1

（4）选择液压辅助元件。

① 油箱容积的确定。中压系统的油箱容积一般取液压泵每分钟额定流量的 5~7 倍,由于本系统的流量相对较大,取 7 倍,故油箱容积为 $V = 7 \times 26.85 \text{ L} = 187.95 \text{ L}$,取 $V = 188 \text{ L}$。

② 管路直径的确定。根据实际选定的液压泵,重新计算液压缸在实际快进、工进和快退运动阶段中的运动速度、时间以及进入和流出液压缸的流量,发现重新计算的结果与原计算数值有一定出入,组合机床工况实际运动速度与流量计算结果见表 7-5。

表 7-5　组合机床各工况实际运动速度与流量计算结果

工作循环	计算公式	输入流量 q_1/ (L/min)	排出流量 q_2/ (L/min)	运动速度 v/(m/s)
差动快进	$q_1 = \dfrac{A_1 q_P}{A_1 - A_2}$ $q_2 = \dfrac{A_2 q_1}{A_1}$ $v = \dfrac{q_P}{A_1 - A_2}$	55.3	28.2	8.22
工进	$q_1 = \dfrac{A_1 q_P}{A_1 - A_2}$ $q_2 = \dfrac{A_2 q_1}{A_1}$ $v = \dfrac{q_1}{A_1}$	0.318	0.194	0.05
快退	$q_1 = q_P$ $q_2 = \dfrac{A_1 q_1}{A_2}$ $v = \dfrac{q_1}{A_1 - A_2}$	27.1	53.13	8.35
松开	—	—	—	—

根据表 7-5 中的计算结果,当油液在压力管中流速取 3 m/s 时,可以算得与液压缸无杆腔和有杆腔相连的液压油管内径。

无杆腔油管内径

$$d = 2\sqrt{q/(\pi v)} = 2 \times \sqrt{63.59 \times 10^6 /(\pi \times 3 \times 10^3 \times 60)} \ \text{mm} \approx 19.78 \ \text{mm}$$

由国家标准,取标准值 $d = 20$ mm。

有杆腔油管内径

$$d = 2\sqrt{q/(\pi v)} = 2 \times \sqrt{27.1 \times 10^6 /(\pi \times 3 \times 10^3 \times 60)} \ \text{mm} \approx 13.85 \ \text{mm}$$

由国家标准,取标准值 $d = 15$ mm。

故与液压缸相连的两根油管按照标准选用公称通径为 20 mm 和 15 mm 的 10 号无缝钢管或高压软管,液压缸缸筒固定时,两根连接管采用无缝钢管连接在液压缸缸筒上;液压缸活塞杆固定时,与液压缸相连的两根油管可采用无缝钢管连接在液压缸活塞杆上或采用高压软管连接在缸筒上。

其他辅助元件省略。

7.1.6 基于 AMESim 软件组合机床液压系统仿真分析

在对液压系统性能尤其是动态性能有较高要求情况下,除采用传统方法设计外,还可采用仿真软件对液压系统进行仿真分析,从而对液压系统做进一步设计和性能验算,以完善设计方案。

1) 组合机床 AMESim 仿真模型的搭建

依据设计的组合机床液压系统原理图,采用 AMESim 仿真软件对该液压系统进行仿真分析,组合机床液压系统 AMESim 仿真模型如图 7-5 所示。

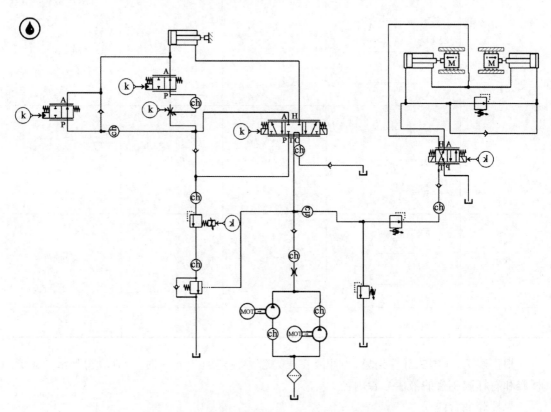

图 7-5　组合机床液压系统 AMESim 仿真模型

在组合机床液压系统 AMESim 仿真模型中,各液压元件参数取为本设计已选择的液压元件参数进行设置,具体如下:电动机额定功率为 $P=1.5\,\mathrm{kW}$,额定转速为 $960\,\mathrm{r/min}$;双联叶片泵中小泵的排量为 $8\,\mathrm{ml/r}$,大泵的排量为 $32\,\mathrm{ml/r}$,容积效率均为 $\eta_V=0.9$,转速均为 $960\,\mathrm{r/min}$;液压缸机械效率 $\eta_m=0.95$,快进、快退时推动的负载均为 $F=1\,579\,\mathrm{N}$,工进时负载为 $F=27\,895\,\mathrm{N}$,快进、快退时回油腔压力 $p=0.5\,\mathrm{MPa}$,工进回油腔背压 $p=0.8\,\mathrm{MPa}$;夹紧液压缸工作压力 $p_{\text{夹}}=1.5\,\mathrm{MPa}$,背压阀的背压值 $p=0.8\,\mathrm{MPa}$;液控单向阀的控制压力为 $p=4\,\mathrm{MPa}$;油液所处的环境温度设定为 $40\,℃$;$m=100\,\mathrm{kg}$,电位表每 $2\,\mathrm{s}$ 进行一次检测,其他参数均为系统默认,不进行额外调节。

2) 组合机床 AMESim 仿真结果分析

组合机床 AMESim 仿真结果如图 7-6 所示。

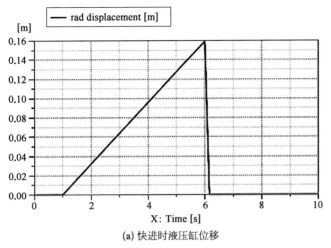

(a) 快进时液压缸位移

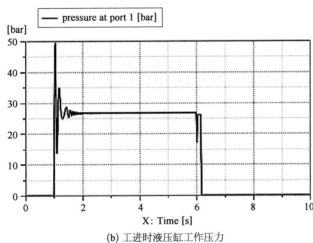

(b) 工进时液压缸工作压力

图 7 - 6　组合机床 AMESim 仿真结果

7.2　折弯机液压系统设计实例

　　板料折弯机是用最简单的模具对板料进行各种角度的直线弯曲,是使用最广泛的一种弯曲设备,依据驱动方式折弯机有机械折弯机、液压折弯机和气动折弯机,其中液压折弯机以其采用液压直接驱动,液压系统在整个行程中对板料施加全压力,过载能自动保护,且易实现自动控制等诸多优点而成为板料折弯设备的主流。

7.2.1　折弯机液压系统设计要求

　　折弯机压头上下运动采用液压传动,其工作循环为快速下降、慢速下压(折弯)、快速退回,具体给定条件见表 7 - 6。

表 7 - 6　折弯机液压传动具体给定条件

运　动	参　数			
	折弯力	1×10^6 N	滑块重力	1.5×10^4 N
快速空载下降	行程 s_1	180 mm	速度 v_1	23 mm/s
慢速下压	行程 s_2	20 mm	速度 v_2	12 mm/s
快速退回	行程 s_3	200 mm	速度 v_3	53 mm/s

液压缸采用 V 形密封圈,机械效率为 91%。

7.2.2　折弯机液压系统工况分析

1) 负载分析

折弯机和压头垂直旋转,压头重量较大,为防止因自重而自行下滑造成危险,系统中需设平衡回路,故向下运动负载分析时,压头自重产生的向下作用力不再计入,此外,为简化问题,压力导轨上的静摩擦力暂不计。

设压头启动和制动过程中的加、减速均在 0.2 s 内完成,则动摩擦力分别为

启动时

$$F_{a1} = \frac{G}{g} \frac{\Delta v}{\Delta t} = \frac{1.5 \times 10^4}{9.81} \times \frac{0.023}{0.2} \approx 176 \text{ N}$$

制动时

$$F_{a2} = \frac{G}{g} \frac{\Delta v}{\Delta t} = \frac{1.5 \times 10^4}{9.81} \times \frac{0.053}{0.2} \approx 405 \text{ N}$$

折弯时压头上的工作载荷分为两个过程:第 1 阶段为负载缓慢线性增加至最大折弯力 5% 左右,其行程为 15 mm,第 2 阶段为负载急剧增加至最大折弯力,上升规律近似为线性,行程为 5 mm,其工作负载 F_w 计算如下:

第 1 阶段工作负载:　　　$F_{w1} = 1 \times 10^6 \times 5\% = 5 \times 10^4 \text{ N}$

第 2 阶段工作负载:　　　　　　$F_{w2} = 1 \times 10^6 \text{ N}$

循环各过程中折弯机外负载和液缸工作压力见表 7 - 7。

表 7 - 7　折弯机外负载和液压缸工作压力

工 作 阶 段		外　负　载	液压缸工作压力
快速下降	启动	$F = F_{a1} = 176$ N	4 270 Pa
	等速	$F = 0$	0
慢速折弯	初压	$F = F_{w1} = 5 \times 10^4$ N	1.22×10^6 Pa
	终压	$F = F_{w2} = 1 \times 10^6$ N	24.3×10^6 Pa
快速退回	启动	$F = F_{a2} + G = 405 + 15\,000 = 15\,405$ N	0.85×10^6 Pa
	等速	$F = G = 15\,000$ N	0.83×10^6 Pa
	制动	$F = G - F_{a2} = 15\,000 - 405 = 14\,595$ N	0.81×10^6 Pa

循环中各阶段的折弯机负载循环图如图 7 - 7 所示。

2）运动分析

依据给定条件，空载快速下降行程 180 mm，速度 23 mm/s，慢速折弯行程 20 mm，其中在开始阶段等速运动，速度为 12 mm/s，最后 5 mm 终压段速度均匀减至 0；以 53 mm/s 的速度快速退回，并在速度过渡期粗略线性处理后得到折弯机速度循环图（图 7 - 8）。

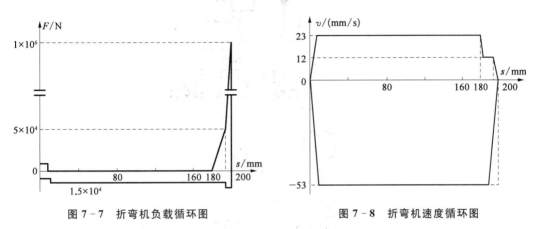

图 7 - 7　折弯机负载循环图　　　　　　图 7 - 8　折弯机速度循环图

7.2.3　折弯机液压系统方案拟定

折弯机压头做上下直线往复运动，且行程只有 200 mm，故可选液压缸做执行元件，依据折弯行程负载大速度慢、上升速度快的要求，选用单缸活塞缸；折弯机工作时需要较大功率，采用容积调速回路；为满足速度有级变化，可采用变量泵（CCY 型），快速下降时，液压泵以全流量供油，转换成慢速折弯行程时，行程挡块使泵的流量减小，在最后 5 mm 内，挡块使泵流量减至 0；液压缸工作行程结束而反向时，行程挡块使泵流量恢复至最大。

采用三位四通 M 型电液换向阀换向，停机时换向阀处于中位，液压泵卸荷；为防止折弯机压头下降过程中因自重而出现速度失控，液压缸下腔回油路上设置一个单向顺序阀作为平衡阀；采用行程开关控制电液换向阀换向实现自动循环。

最终拟定如图 7 - 9 所示折弯机液压系统原理图。

7.2.4　折弯机液压系统主要参数

1）确定系统工作压力

系统工作压力参考表 7 - 7，初选系统工作压力 $p = 23$ MPa。

2）确定液压缸主要结构参数

液压缸有效工作面积　　　$A = \dfrac{F_{max}}{p \cdot \eta_g} = \dfrac{1 \times 10^6}{23 \times 10^6 \times 0.91}$ m$^2 \approx 0.048$ m^2

活塞直径　　　$D = \sqrt{\dfrac{4A}{\pi}} = \sqrt{\dfrac{4 \times 0.048}{3.14}}$ m ≈ 0.246 m $= 246$ mm

按标准选取 $D = 240$ mm。

依据快速下降与上升的速比求活塞杆直径 d：

$$\frac{v_3}{v_1} = \frac{D^2}{D^2 - d^2} = \frac{53}{23} \approx 2.3 \rightarrow d = 180 \text{ mm}$$

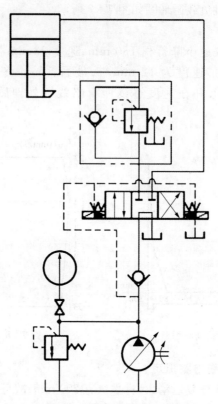

图 7 - 9　液压系统原理示意图

液压缸实际有效面积为

$$A_1 = \frac{\pi}{4}D^2 = \frac{3.14}{4} \times 0.24^2 \ \mathrm{m}^2 \approx 0.045\,2 \ \mathrm{m}^2$$

$$A_2 = \frac{\pi}{4}(D^2 - d^2) = \frac{3.14}{4} \times (0.24^2 - 0.18^2) \ \mathrm{m}^2 \approx 0.019\,8 \ \mathrm{m}^2$$

面积比为

$$c = \frac{A_2}{A_1} = \frac{0.019\,8}{0.045\,2} \approx 0.44$$

3）绘制液压缸工况图

利用求得的液压缸有效工作面积和负载循环图，求得液压缸在循环中各阶段的工作压力值，由此可绘制图 7 - 10a 所示液压缸压力循环图。

循环中各阶段流量分别为：

快速下降：$q_1 = A_1 \cdot v_1 = 0.045\,2 \times 0.023 = 0.001\,039 \ \mathrm{m}^3/\mathrm{s} \approx 62 \ \mathrm{L/min}$；

折弯初段：$q_2 = A_1 \cdot v_2 = 0.045\,2 \times 0.012 = 0.000\,542\,4 \ \mathrm{m}^3/\mathrm{s} \approx 32.5 \ \mathrm{L/min}$；

折弯终段：流量由 32.5 L/min 均匀降为 0；

快速上升：$q_3 = A_2 \cdot v_3 = 0.019\,8 \times 0.053 = 0.001\,049\,4 \ \mathrm{m}^3/\mathrm{s} \approx 62.96 \ \mathrm{L/min}$。

依据以上数据，考虑速度过渡段的线性变化规律，可近似认为流量也具有类似变化规律，可得到如图 7 - 10b 所示液压缸流量循环图。

循环中各段功率分别为：

快速下降：$P_1 = p_1 \cdot q_1 = 4\,270 \times 0.001\,039 \approx 4.4$ W。

折弯行程(初压)：$P_2 = p_2 \cdot q_2 = 1.22 \times 10^6 \times 0.000\,542\,4 \approx 661.7$ W。

折弯行程(终压)，行程只有 5 mm，但该段压力、流量都在变化，情况异常复杂，压力由 1.22 MPa 增至 24.3 MPa，其变化规律为

$$p = \left(1.22 + \frac{24.3 - 1.22}{5}s\right) \times 10^6 = (1.22 + 4.62s) \times 10^6$$

流量由 0.000 542 4 m³/s 降至零，其变化规律为

$$q = 0.000\,542\,4\left(1 - \frac{s}{5}\right)$$

式中　s——终压行程，其取值范围为 0~5 mm。

$$P_3 = p_3 \cdot q_3 = (1.22 + 4.62\,s) \times 10^6 \times 0.000\,542\,4\left(1 - \frac{s}{5}\right)$$

令 $\dfrac{\partial P}{\partial s} = 0$，可得 $s = 2.36$ mm 时，此处功率最大，其值为

$$P_{\max} = (1.22 + 4.62 \times 2.36) \times 10^6 \times 0.000\,542\,4\left(1 - \frac{2.36}{5}\right) \approx 3\,470 \text{ W} = 3.47 \text{ kW}$$

快速上升时，启动阶段 $P_{31} = p_{31} \cdot q_3 = 0.85 \times 10^6 \times 0.001\,049\,4$ W ≈ 0.89 W；

匀速阶段：$P_{32} = p_{32} \cdot q_3 = 0.83 \times 10^6 \times 0.001\,049\,4$ W ≈ 0.87 W；

制动阶段：$P_{33} = p_{33} \cdot q_3 = 0.81 \times 10^6 \times 0.001\,049\,4$ W ≈ 0.85 W。

依据以上数据，可绘制如图 7-10c 所示折弯机液压缸功率循环图。

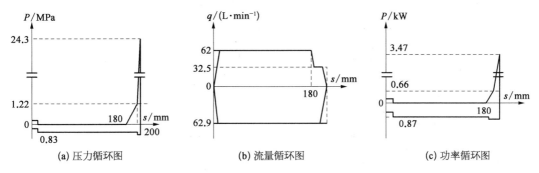

(a) 压力循环图　　　　　(b) 流量循环图　　　　　(c) 功率循环图

图 7-10　折弯机液压缸压力-流量-功率循环图

7.2.5　折弯机液压元件计算和选择

1) 液压缸的计算

液压缸的活塞直径 D、活塞杆直径 d 前面已经计算，此处略去。

2) 液压泵和电动机的选择

(1) 选择液压泵。液压泵最高工作压力出现在折弯终压段结束时，估算 $\sum \Delta p_1 = 0.5$MPa。

液压泵最高工作压力 $p_{p\max} = p + \sum \Delta p_1 = (24.3 + 0.5)$ MPa $= 24.8$ MPa。

取系统泄漏系数 $k=1.1$，则 $q_{pmax}=k\left(\sum q\right)_{max}=1.1\times62.96=69.256\,\text{L/min}$。

依据最大压力和最大流量，选取型号为 63CCY14 - 1B 的轴向柱塞泵，其额定压力为 32 MPa，额定流量为 63 L/min，额定压力满足 25%~60% 的压力储备；额定流量比液压缸所需流量略有减少，所以快速退回行程的速度略有下降。

（2）选择电动机。依据液压泵最大功率确定电动机功率，从功率循环图可看出，当折弯机压头在折弯终压行程(5 mm)进行到 2.36 mm 处出现最大功率点，此时液压缸工作压力为 12.12 MPa，流量约为 0.000 286 m^3/s，此时液压泵的压力和流量分别为

$$p_p=p+\sum\Delta p_1=(12.12+0.5)\,\text{MPa}=12.62\,\text{MPa}$$

$$q_p=k\left(\sum q\right)=1.1\times0.000\,286\,\text{m}^3/\text{s}\approx0.000\,315\,\text{m}^3/\text{s}$$

所以
$$(p_p\cdot q_p)_{max}=12.62\times10^6\times0.000\,315=3\,975.3\,\text{W}$$

$$P_P=\frac{(p_p\cdot q_p)_{max}}{\eta_P}=\frac{3\,975.3}{0.85}\,\text{W}\approx4\,677\,\text{W}\approx4.7\,\text{kW}$$

故选用功率为 5 kW、同步转速为 1 000 r/min 的电动机。

（3）液压控制阀的选择。依据在系统中各阀的最大工作压力和最大流量选择相应的控制阀，最终选择的控制阀见表 7 - 8。

表 7 - 8　折弯机液压系统选用液压元件

元件名称	型号	规格	数量
轴向变量柱塞泵	63CCY14 - 1B	32 MPa，63 L/min	1
单向阀	DF - B20K1	32 MPa，100 L/min，通径 20 mm	1
电液换向阀	34DYM - B32H - T	32 MPa，190 L/min，通径 20 mm	1
溢流阀	YF - B20K	32 MPa，100 L/min，通径 20 mm	1
单向顺序阀	XDF - B32E	1~3 MPa，150 L/min，通径 32 mm	1
压力表开关	KF - L8/E	通径 8 mm	1
压力表	Y - 100	0~40 MPa	1
液压缸	自行设计		1

（4）液压辅助元件的选择。

① 油箱容积的确定：

$$V=6q_P=6\times63\,\text{L}=378\,\text{L}$$

② 管路直径的确定。依据控制元件连接油口尺寸决定管路直径，取内壁直径为 32 mm 的管路。

其他辅助元件省略。

7.2.6　折弯机液压系统性能验算

7.2.6.1　系统压力损失计算

1) 快速退回

快速退回阶段流量最大,并且液压缸有杆腔进油,故回油流量更大,此时是进油量的 $\dfrac{1}{c}$ 倍, $\dfrac{1}{c} = \dfrac{1}{0.44} \approx 2.27$,进、回油路压力损失需分别计算。

(1) 进油路。管长 $l = 2$ m,流量 $q = 62.96$ L,管径 $d = 32$ mm,黏度 $\nu = 20 \times 10^{-2}$ cm^2/s,密度 $\rho = 900$ kg/m^3,一个单向阀压力损失 $\Delta p_{e1} = 0.2$ MPa,一个换向阀 $\Delta p_{e2} = 0.2$ MPa,一个单向顺序阀(反向流) $\Delta p_{e3} = 0.2$ MPa,一个直接弯头 $\xi = 1.12$。

由此可算得快速上升时

$$v = \frac{q_p}{\dfrac{\pi d^2}{4}} = \frac{0.001\,049\,4}{\dfrac{3.14}{4} \times (32 \times 10^{-3})^2} \approx 1.306 \text{ m/s}$$

雷诺数

$$Re = \frac{v \cdot d}{\nu} = \frac{1.31 \times 100 \times 3.2}{20 \times 10^{-2}} = 2\,096 (\text{属层流})$$

沿程阻力系数

$$\lambda = \frac{75}{Re} = \frac{75}{2\,096} \approx 0.036$$

沿程压力损失

$$\sum \Delta p_{\lambda 1} = \lambda \cdot \frac{l}{d} \cdot \frac{\rho v^2}{2} = 0.036 \times \frac{2}{0.032} \times \frac{900 \times 1.31^2}{2} \approx 0.002 \text{ MPa}$$

局部压力损失

$$\sum \Delta p_{\xi 1} = \Delta p_{e1} \left(\frac{q}{q_{e1}} \right)^2 + \Delta p_{e2} \left(\frac{q}{q_{e2}} \right)^2 + \Delta p_{e3} \left(\frac{q}{q_{e3}} \right)^2 + \xi \cdot \frac{\rho v^2}{2}$$

$$= \left[0.2 \times \left(\frac{62.9}{100} \right)^2 + 0.2 \times \left(\frac{62.9}{190} \right)^2 + 0.2 \times \left(\frac{62.9}{150} \right)^2 + \frac{1.12 \times 900 \times 1.31^2 \times 10^{-6}}{2} \right] \text{MPa}$$

$$\approx 0.14 \text{ MPa}$$

进油路总压力损失

$$\sum \Delta p_1 = \sum \Delta p_{\lambda 1} + \sum \Delta p_{\xi 1} = (0.002 + 0.14) \text{ MPa} = 0.142 \text{ MPa}$$

(2) 回油路。流量 $q = \dfrac{0.001\,049\,4}{c} = \dfrac{0.001\,049\,4}{0.44} = 0.002\,385$ m^3/s $= 143.1$ L/min,管长 $l_2 = 1$ m,换向阀一个, $\Delta p_e = 0.2$ MPa,一个直接弯头 $\xi = 1.12$,其余与进油路相同。

流速　　　$v = \dfrac{q_\text{p}}{\dfrac{\pi d^2}{4}} = \dfrac{0.002\,385}{\dfrac{3.14}{4} \times (32 \times 10^{-3})^2} \approx 2.967\ \text{m/s}$

雷诺数

$$Re = \frac{v \cdot d}{\nu} = \frac{2.967 \times 100 \times 3.2}{20 \times 10^{-2}} \approx 4\,747.2\,(\text{属紊流})$$

沿程阻力系数

$$\lambda = 0.316\,4Re^{-\frac{1}{4}} = 0.316\,4 \times 4\,747.2^{-\frac{1}{4}} \approx 0.038\,12$$

沿程压力损失

$$\sum \Delta p_{\lambda 2} = \lambda \cdot \frac{l}{d} \cdot \frac{\rho v^2}{2} = 0.038\,12 \times \frac{1}{0.032} \times \frac{900 \times 2.967^2}{2}$$
$$\approx 4\,749.6\ \text{Pa} \approx 0.047\,5\ \text{MPa}$$

局部压力损失

$$\sum \Delta p_{\xi 2} = \Delta p_\text{e}\left(\frac{q}{q_\text{e}}\right)^2 + \xi \cdot \frac{\rho v^2}{2}$$
$$= \left[0.2 \times \left(\frac{143.1}{190}\right)^2 + \frac{1.12 \times 900 \times 2.97^2 \times 10^{-6}}{2}\right]\ \text{MPa}$$
$$\approx 0.12\ \text{MPa}$$

回油路总压力损失

$$\sum \Delta p_1 = \sum \Delta p_{\lambda 2} + \sum \Delta p_{\xi 2} = (0.004\,7 + 0.12)\ \text{MPa} \approx 0.125\ \text{MPa}$$

2) 慢速折弯

由快速退回行程的压力损失计算可看出,沿程压力损失远小于局部压力损失,在慢速折弯行程,流量更小,使得油程压力损失更小,故可忽略不计,只考虑局部压力损失。

(1) 进油路。流量 $q = 32.5\ \text{L}$,其余参数同前。

进油路总压力损失

$$\sum \Delta p_3 = \sum \Delta p_{\lambda 3} + \sum \Delta p_{\xi 3}$$
$$= \Delta p_\text{e1}\left(\frac{q}{q_\text{e1}}\right)^2 + \Delta p_\text{e2}\left(\frac{q}{q_\text{e2}}\right)^2 + \xi \cdot \frac{\rho v^2}{2}$$
$$= \left[\left(0.2 \times \frac{32.5}{100}\right)^2 + \left(0.2 \times \frac{32.5}{190}\right)^2 + \frac{1.12 \times 900 \times 0.67^2 \times 10^{-6}}{2}\right]\text{MPa}$$
$$\approx 0.03\ \text{MPa}$$

(2) 回油路。流量 $q = 32.5c = 32.5 \times 0.44 = 14.3\ \text{L/min}$,单向顺序阀(正向流),$\Delta p_\text{e} = 0.3\ \text{MPa}$,其余同前。

回油路总压力损失：

$$\sum \Delta p_4 = \sum \Delta p_{\lambda 4} + \sum \Delta p_{\xi 4}$$

$$= \Delta p_{e2} \left(\frac{q}{q_{e2}}\right)^2 + \Delta p_e \left(\frac{q}{q_e}\right)^2 + \xi \cdot \frac{\rho v^2}{2}$$

$$= \left[0.2 \times \left(\frac{14.3}{190}\right)^2 + 0.3 \times \left(\frac{32.5}{190}\right)^2 + \frac{1.12 \times 900 \times 0.3^2 \times 10^{-6}}{2}\right] \text{MPa}$$

$$\approx 0.004 \text{ MPa}$$

3）系统压力调节

对工作行程(慢速折弯)时的系统压力调节如下：

(1) 安全阀调节压力：

$$p > \frac{F_{max}}{A_1 \cdot \eta_1} + c \sum \Delta p_2 + \sum \Delta p_1$$

$$= \left(\frac{1 \times 10^6}{0.045\,2 \times 0.91} + 0.44 \times 0.004 \times 10^6 + 0.03 \times 10^6\right) \text{Pa}$$

$$\approx 24.35 \times 10^6 \text{Pa} = 24.35 \text{ MPa}$$

(2) 单向顺序阀调节压力：

$$p > \frac{G}{A_2} - c\Delta p_2$$

$$= \left(\frac{15\,000}{0.019\,8} - 0.004 \times 10^6\right) \text{Pa}$$

$$\approx 0.75 \times 10^6 \text{Pa} = 0.75 \text{ MPa}$$

7.2.6.2 系统发热及温升

1）发热量估算

从整个工作循环看,功率变化大,可计算平均发热量,从速度循环图可假性近似估算各阶段时间：

快速下降 $\Delta t_1 = \dfrac{s_1}{v_1} = \dfrac{180}{23} \approx 7.85$ s；

慢速折弯初压时 $\Delta t_2' = \dfrac{s_2'}{v_2} = \dfrac{15}{12} = 1.25$ s； 终压 $\Delta t_2'' = \dfrac{s_2''}{v_2} = \dfrac{2 \times 5}{12} \approx 0.83$ s；

快速退回 $\Delta t_3 = \dfrac{s_3}{v_3} = \dfrac{200}{53} \approx 3.77$ s。

循环周期

$$T = \Delta t_1 + \Delta t_2' + \Delta t_2'' + \Delta t_1$$

$$= (7.85 + 1.25 + 0.83 + 3.77) \text{ s}$$

$$= 13.7 \text{ s}$$

从功率循环图可求出各阶段液压缸输出功率,但应扣除液压缸机械效率因素的影响,因功率循环图反映的是液压缸输入功率的变化规律。

快速下降 $P_{o1} \approx 0$；

慢速折弯,初压 $P'_{o2} \approx \dfrac{0.66+0}{2} \cdot \eta_m = \dfrac{0.66}{2} \times 0.91\ \mathrm{kW} \approx 0.3\ \mathrm{kW}$。

终压过程比较复杂,可从速度、负载循环图求平均值:

$$P''_{o2} = F \cdot v = \left(\frac{1 \times 10^6 + 5 \times 10^4}{2} \times \frac{0.012+0}{2} \right)\mathrm{W}$$
$$= 3\,150\ \mathrm{W} = 3.15\ \mathrm{kW}$$

快速退回

$$P_{o2} \approx 0.87 \cdot \eta_m = (0.87 \times 0.91)\ \mathrm{kW} \approx 0.79\ \mathrm{kW}$$

从压力、流量循环图求各阶段液压泵输入功率:

快速下降

$q_{b1} \approx K \cdot q_1 = 1.1 \times 62 = 68.2\ \mathrm{L/min} \approx 0.001\,137\ \mathrm{m^3/s}$(近似用快退工况压力损失数据)

$$P_{b1} = \frac{q_{b1} \cdot p_{b1}}{\eta_b} = \frac{0.001\,137 \times 0.14 \times 10^6}{0.85}\mathrm{W} \approx 187\ \mathrm{W}$$

慢速折弯,初压 $q'_{b2} \approx K \cdot q_2 = 1.1 \times 32.5 = 35.75\ \mathrm{L/min} \approx 0.000\,596\ \mathrm{m^3/s}$

$$p'_{b2} \approx \frac{0.66+0}{2} = \frac{1.22+0}{2} + \sum \Delta p_1 = (0.61+0.04)\ \mathrm{MPa} = 0.65\ \mathrm{MPa}$$

$$P'_{b2} = \frac{q'_{b2} \cdot p'_{b2}}{\eta_b} = \frac{0.000\,596 \times 0.65 \times 10^6}{0.85}\mathrm{W} \approx 456\ \mathrm{W}$$

终压

$$q''_{b2} \approx K \cdot \frac{q_2+0}{2} = 1.1 \times \frac{32.5}{2} \approx 17.88\ \mathrm{L/min} \approx 0.000\,298\ \mathrm{m^3/s}$$

$$p''_{b2} = \frac{24.3+1.22}{2} + \sum \Delta p_1 = (12.76+0.03)\ \mathrm{MPa} = 12.79\ \mathrm{MPa}$$

$$P''_{b2} = \frac{q''_{b2} \cdot p''_{b2}}{\eta_b} = \frac{0.000\,298 \times 12.8 \times 10^6}{0.85}\mathrm{W} \approx 4\,488\ \mathrm{W}$$

快速退回

$$q_{b2} \approx K \cdot q_3 = 1.1 \times 62.9\ \mathrm{L/min} = 69.19\ \mathrm{L/min} \approx 0.001\,153\ \mathrm{m^3/s}$$

$$p_{b2} = p + \sum \Delta p_1 = (0.83+0.142)\ \mathrm{MPa} \approx 0.97\ \mathrm{MPa}$$

$$P_{b3} = \frac{q_{b2} \cdot p_{b2}}{\eta_b} = \frac{0.001\,53 \times 0.97 \times 10^6}{0.85}\mathrm{W} = 1\,746\ \mathrm{W}$$

系统单位时间发热量

$$H = \frac{1}{T} \sum_{i=1}^{n} (P_{Ei} - P_{oi}) \cdot \Delta t_i$$

$$= \frac{1}{T} [(P_{E1} - P_{o1}) \cdot \Delta t_1 + (P'_{E2} - P'_{o2}) \Delta t'_2 + (P''_{E2} - P''_{o2}) \Delta t''_2 + (P_{E3} - P_{o3}) \cdot \Delta t_3]$$

$$= \left\{ \frac{1}{13.7} [(0.187 - 0) \times 7.85 + (0.456 - 0.3) \times 1.25 + \right.$$

$$\left. (4.488 - 3.15) \times 0.83 + (1.746 - 0.79) \times 3.77] \right\} \text{kW}$$

$$\approx 0.347 \text{ kW}$$

2）系统热平衡计算

设油箱边长在 $1:1:1 \sim 1:2:3$ 范围内，油箱散热面积为

$$5A = 0.065 \sqrt[3]{V^2} = 0.065 \sqrt[3]{378^2} \approx 3.4 \text{ m}^2$$

假定自然通风不好，取油箱散热系数

$$C_r = 8 \times 10^{-3} \text{ kW/(m}^2 \cdot \text{℃)}$$

假定室内环境温度为 25℃，系统热平衡温度

$$t_2 = t_1 + \frac{H}{C_T \cdot A} = \left(30 + \frac{0.347}{8 \times 10^{-3} \times 3.4} \right) ℃ \approx 43℃$$

满足 $t_2 \leqslant [t] = 50℃$，所以油箱容量合适。

7.2.7　折弯机液压系统 AMESim 仿真分析

7.2.7.1　板料折弯机动力头液压系统 AMESim 仿真模型

依据图 7-9 拟定板料折弯机动力头液压系统原理图，采用 AMESim 仿真软件对该液压系统进行仿真分析，板料折弯机 AMESim 仿真模型如图 7-11 所示。

在板料折弯机动力头液压系统的 AMESim 仿真模型中，各元件参数依据本设计前述已选择的液压元件参数进行设置。

7.2.7.2　板料折弯机动力头液压系统 AMESim 仿真结果

由于 AMESim 在计算 10 s 前结果比较显著，因此下面对快速下降和慢速折弯过程、快速回退过程分开进行液压仿真分析。

1）快速下降和慢速折弯过程

由图 7-12 可知，输入的额外负载与图 7-7 相似，说明输入的稳定无误。

图 7-13～图 7-15 基本与图 7-8 和图 7-10a、b 计算结果接近。其中图 7-14 压力图中由于溢流阀最大压力为 32 kPa，因此在达到 24.3 kPa 时候还会继续上升到溢流阀 32 kPa 直到溢流阀开启保护液压系统。图 7-15 中反映在降到 32.5 L/min 时候未能显著表现，是由于在 0.5 s 下降时间内时间太短，产生的微量倾斜效果不显著。整体的流量与计算基本相似，说明快速下降和慢速折弯过程液压系统整体符合计算要求。

2）快速回退过程

由图 7-16 可确定液压缸给定的负载图满足准确并且较为稳定，与图 7-7 的数据基本

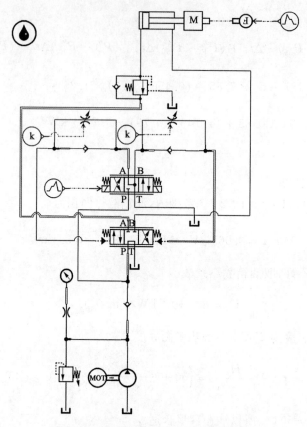

图 7 - 11　板料折弯机 AIMSim 仿真模型

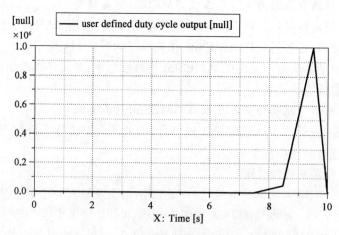

图 7 - 12　快速下降和慢速折弯过程负载图

相同,满足仿真需求。

　　将图 7 - 17 与图 7 - 8 速度相比,该系统在初始快速情况下会有微弱的速度波动,该微弱波动可忽略不计,其速度接近 48 mm/s、与 53 mm/s 存在较小误差。

　　图 7 - 18 是作用在出口的压力图,由于其压力面积不相等,该数值是 7.2.4 节第 2)项中

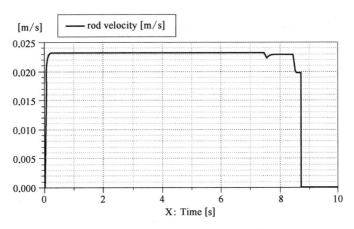

图 7 - 13　快速下降和慢速折弯过程速度图

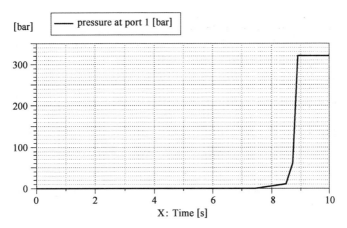

图 7 - 14　快速下降和慢速折弯过程压力图

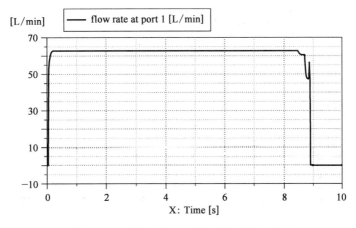

图 7 - 15　快速下降和慢速折弯过程流量图

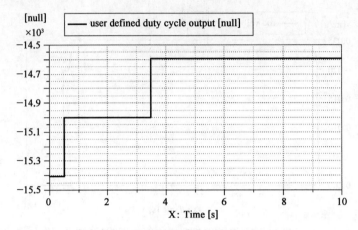

图 7 - 16　快速回退过程负载图

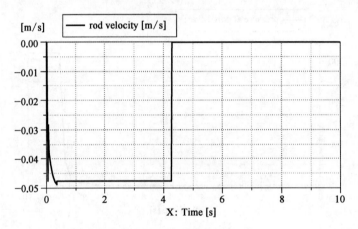

图 7 - 17　快速回退过程速度图

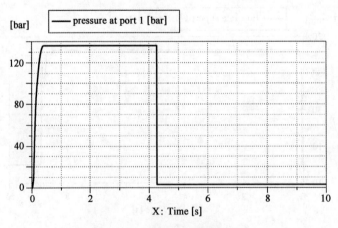

图 7 - 18　快速回退过程压力图

计算该面积的约 2.3 倍,因此与图 7－10a 中数值近似,误差较小。

图 7－19 为快速下降和慢速折弯过程流量图。图 7－19 与图 7－10b 相比,其流量未达到 62.9 L/min,平稳在 59.4 L/min,由于仿真中可能出现微量泄漏,因此与计算数值产生微量误差,是处于正常误差范围以内的。

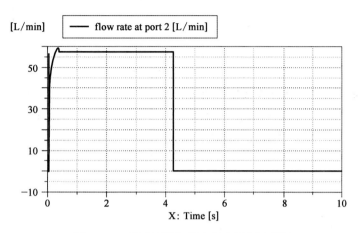

图 7－19　快速下降和慢速折弯过程流量图

综合整体的仿真设计,结果显示误差值处于合理的误差范围内,因此该液压系统设计合理,满足设计需求。

附　　录

附录部分将给出 10 个液压系统设计题目,涉及海洋装备、金属切削机床、工程机械、冶金机械等不同类型的机械设备,供指导教师和学生选择。

1. 自升式海洋钻井平台升降液压系统设计

升降系统是自升式海洋钻井平台不可或缺的重要组成部件,海洋钻井平台液压升降系统主要完成以下七个动作:下桩、插桩、升平台、调平、落平台、拔桩和起桩。

已知参数如下,试设计此自升式海洋钻井平台液压升降系统。

工作条件

最大作业水深	6 m
升降作业海况	5 级
温度	−20～60℃
平台起升重量	4 000 t
风暴载荷	2 000 t
平台寿命	20 年

工作形式与主要参数

升降机械驱动形式	电液驱动
单桩举升质量	1 200 t
单桩支持质量	2 000 t
升降速度	0.1 m/min
桩腿形式	圆柱式
桩腿数量	4
插销孔孔距	1 000 mm

2. 专用平面磨床工作台液压系统设计

一台平面磨床工作台往复运动采用液压传动,试设计其液压系统。

已知工作台最大运动速度为 8 m/min,最小运动速度为 4 m/min,工作台及工件等移动部件的重量为 10 000 N,磨削时 x 方向切削分力为 500 N、y 方向切削分力为 1 000 N,启动时间为 0.05 s,导轨摩擦系数为 0.16,要求采用节流阀回油节流调速,回油背压为 0.3 MPa。

3. 双缸四柱万能液压机液压系统设计

试设计一台双缸四柱万能液压机液压系统,该机主缸架设在横梁上,用于驱动滑块往复运动以完成工件压制;底座(工件台)中心孔内设置的顶出缸,用于取出工件或与主缸配合完成某些工件的压制工艺。

主缸和顶出缸需分时动作,试设计该双缸四柱万能液压机的液压系统。

动力参数与速度参数:

	主缸	顶出缸
最大压制质量/t	300	—
最大顶出质量/t	—	30
回程力	40	15
最大行程/mm	800	250
压制速度/(mm/s)	6.8	—
顶出速度/(mm/s)	—	65
回程速度/(mm/s)	52	138

4. 建筑砌砖实验机液压系统设计

试设计建筑砌砖实验机液压系统,该实验机用于小型建筑砌砖(试件主规格为390 mm×190 mm×190 mm)的抗压强度和抗折强度的实验,主机采用立式四柱结构,加载液压缸放置于横梁之上,通过驱动与活塞杆相连的抗压实验压板或抗折实验钢棒,完成抗压及抗折强度实验。

抗压实验时,试件置于实验机承压板上,试件轴线与实验机压板的压力中心重合,以10~30 kN/s的速度加载,直至试件破坏。抗折实验的抗折支座由安放在底座上的两根钢棒组成,抗折支座的中线与实验机压板的压力中心重合,抗折实验钢棒以250 N/s的速度加载直至试件破坏,实验机的工作循环可视为:快速下行→加压→快速上行。

最大压制力为2 000 kN,运动部件的重量为3.5 kN,液压缸密封处的摩擦力为230 kN;快速进退行程和速度分别为100 mm/s和30 mm/s。

5. 热轧板推钢机液压系统设计

某热轧板推钢机用于向加热炉推进坯料(尺寸为220 mm×1 400 mm×1 700 mm)。为提高运动平稳性、减小整个装置的结构尺寸及占用空间和重量,推钢机采用液压传动。

推钢机已知参数如下:

最大推力	800 000 N
快进行程	100 mm
工进行程	500 mm
快退行程	600 mm
快进速度	0.19 m/s
工进速度	0.1 m/s
快退速度	0.21 m/s

试设计此推钢机液压系统,要求液压缸可实现行程终点锁紧;液压源具备冗余结构,以备系统需检修或更换油源中某元件时,通过打开、关闭相应的阀门,启动备用泵,满足工作需要。

6. 电厂输煤采样机液压系统设计

输煤采样机是以煤为燃料的火力发电厂的一种专用设备,以实现输煤皮带运行一定时间间隔内按有关国家标准规定抽样方法取样,通过对原料进行物理、化学分析,确定其品质指标,为生产、工艺配制提供必要的技术数据。采样机主要技术参数如下:工作循环允许温度0~40℃,采样粒度≤50 mm,采样精度为±2%以内,端部皮带规格800 mm、1 000 mm、1 200 mm、1 400 mm,水分适用范围≤10%(全水);采样斗宽度为200 mm;采样斗运动速度

(可调)0.8～2 m/s;子样质量数为 3～5 kg;采样间隔为 0～60 min。

7. 单斗履带式挖掘机液压系统设计

单斗挖掘机是在机械传动单斗挖掘机基础上发展起来的新型挖掘机,有反铲和正铲两种,它以液压传动替代机械传动,整机重量更轻,调速和操纵更方便。

其主要性能参数如下:

反铲斗容量	1 m³
发动机功率	110 kW
机重	25 000 kg
行走速度(双速)	—
高速	3.4 km/h
低速	1.7 km/h
系统工作压力	32 MPa
液压泵形式	双排径向柱塞泵(三柱塞)
排量	$2\times653\times10^{-7}$ m³/r
额定流量(转速 1 600 r/min)	$2\times16.5\times10^{-4}$
额定工作压力	32 MPa
液压马达形式	内曲线低速大扭矩液压马达
行走马达	—
排数	双排
排量	$2\times40\times10^{-4}$ m³/r
回转马达	—
排数	单排
排量	20×10^{-4} m³/r

8. 一台小型液压机液压系统设计

要求实现"快速空程下行—慢速加压—保压—快速回程—停止"的工作循环。快速往返速度为 3 m/min,加压速度为 40～250 mm/min,压制力为 200 kN,运动部件总重为 2 000 kg。

9. 一台校正压装液压机液压系统设计

要求工作循环是"快速下行—慢速加压—快速返回—停止"。压装工作速度不超过 5 mm/s,快速下行速度应为工作速度的 8～10 倍,工件压力不小于 10×10^{3} N。

10. 一饲草打包机液压控制系统设计

液压缸最大行程为 800 mm,可输出推力 100 t,实现四个工作程序:饲草压实、打包、回程、卸荷。

参 考 文 献

［ 1 ］李松晶,王清岩.液压系统经典设计实例[M].北京：化学工业出版社,2016.

［ 2 ］韩桂华,高炳微,孙桂涛.液压系统设计技巧与禁忌[M].3 版.北京：化学工业出版社,2019.

［ 3 ］张利平.液压传动系统设计要点[M].北京：化学工业出版社,2015.

［ 4 ］黄志坚.气动系统设计要点[M].北京：化学工业出版社,2015.

［ 5 ］刘军营,李素玲.液压传动系统设计与应用实例解析[M].北京：机械工业出版社,2010.

［ 6 ］梁全,谢基晨,聂利卫.液压系统 AMESim 计算机仿真进阶教程[M].北京：机械工业出版社,2016.

［ 7 ］杨秀萍.液压元件与系统设计[M].西安：西安电子科技大学出版社,2017.

［ 8 ］张利平.新编液压传动设计指南[M].西安：西北工业大学出版社,2016.

［ 9 ］张帆,李海红.液压与气动控制及应用[M].北京：北京理工大学出版社,2018.

［10］黄志坚.液压气动系统 PLC 控制入门与提高[M].北京：化学工业出版社,2019.

［11］李粤.液压系统 PLC 控制[M].北京：化学工业出版社,2009.

［12］王怀奥,尹霞,姚杰.液压与气压传动[M].武汉：华中科技大学出版社,2012.

［13］许光驰.机电设备安装与高度[M].北京：北京航空航天大学出版社,2012.

［14］杜玉红,杨文志.液压与气压传动综合实验[M].武汉：华中科技大学出版社,2009.

［15］张萌.液压与气压传动实验指导[M].武汉：中国地质大学出版社,2016.

［16］邹宪军,霍成山,李秀柏,等.液压传动现代实验技术[M].长沙：湖南大学出版社,2015.

［17］方庆琯.现代液压实验技术与案例[M].北京：机械工业出版社,2022.

［18］高殿荣,王益群.液压工程师技术手册[M].2 版.北京：化学工业出版社,2015.

［19］黄志坚,郑金传.液压及电控系统设计开发[M].北京：中国电力出版社,2015.